AF475435

Pr ALBERT ROBIN et Dr H. BITH

Membre de l'Académie de médecine

Ancien interne des hôpitaux de Paris
Chef de laboratoire à la Faculté de médecine

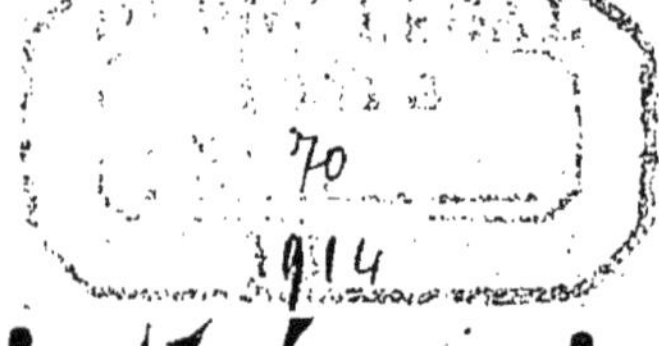

Biologie de l'Héliothérapie

RAPPORT

Présenté au Congrès de l'Association Internationale de Thalassothérapie de Cannes (1914)

PARIS
ÉDITIONS DE LA " GAZETTE DES EAUX "
5, rue Humboldt, 3

1914

Pr ALBERT ROBIN et Dr H. BITH

Membre de l'Académie de médecine

Ancien interne des hôpitaux de Paris
Chef de laboratoire à la Faculté de médecine

Biologie de l'Héliothérapie

RAPPORT

Présenté au Congrès de l'Association Internationale de Thalassothérapie de Cannes (1914)

PARIS
ÉDITIONS DE LA " GAZETTE DES EAUX "
5, rue Humboldt, 3

1914

Biologie de l'Héliothérapie

Par MM. ALBERT ROBIN et H. BITH

INTRODUCTION

L'héliothérapie n'est pas une méthode récente de traitement. Depuis la plus haute antiquité, les peuples ont recherché dans le soleil, dispensateur de tous biens, le remède à leurs maux. Aussi bien en Egypte qu'en Assyrie, à Athènes qu'à Rome, la cure solaire était employée couramment. Aussi, dans beaucoup de bains romains, trouve-t-on un « solarium », où les malades et les baigneurs étendus sans vêtement pouvaient, à l'abri du vent, recevoir les bienfaisants rayons solaires. En Grèce, c'était sur les plages que la cure d'arrénation se pratiquait ; association des bains de sable et de soleil, avec cure marine adjuvante, n'est-ce pas là le début de l'héliothérapie marine ! Puis, jusqu'à nos jours, on perdit foi en la valeur curative du soleil, bien que son rôle purificateur ne demeurât pas complètement ignoré ; un vieux proverbe italien « où entre le soleil, n'entre pas le médecin » est là pour l'attester.

C'est vers 1880 qu'un empirique, Rickli, établit dans les montagnes de Carniole le premier sanatorium où la cure solaire ait constitué la base du traitement appliqué à des malades à nutrition troublée ou à système nerveux fatigué. Depuis ce moment, de nombreux médecins employèrent les rayons du soleil comme agent thérapeutique, et ceux qui, les premiers, eurent confiance dans leurs effets, furent Poncet et l'école lyonnaise, Malgat et Monteuuis sur la Riviera, Bernhardt et Rollier en Suisse, Finsen, à Copenhague.

Mais, tandis que des résultats thérapeutiques étaient obtenus, les bases physiologiques de ce mode de traitement restaient encore délaissées. C'est depuis quelques années seulement que des auteurs comme Nogier, Chatin, Bordier, D. Berthelot, V. Henri, d'Arsonval, Leredde et Pautrier, Finsen, Rosselet, ont essayé de saisir l'action du soleil dans l'intimité des tissus et de connaître les modifications apportées aux échanges de l'économie. La difficulté de cette étude fait qu'actuellement, si nous savons exactement la posologie, les indications, les résultats de la cure solaire, nous ignorons encore en partie la façon dont cette cure agit.

Il n'entre pas dans nos intentions d'élucider ici cette question dans tous ses détails, mais nous désirons donner un aperçu de l'état de nos connaissances sur l'action biologique de l'héliothérapie.

Avant d'aborder l'étude physiologique, nous allons, en quelques pages, montrer la composition, les qualités, les variations de la lumière solaire, ce qui nous permettra de mieux comprendre son action.

CHAPITRE Ier

LES RADIATIONS SOLAIRES, LEURS QUALITÉS, LEURS VARIATIONS

1° Les radiations et leurs propriétés

Lorsque l'on fait tomber un rayon de lumière solaire blanche sur un prisme, on le décompose en 7 rayons colorés simples ou monochromatiques, se succédant dans un ordre déterminé : rouge, orange, jaune, vert, bleu, indigo, violet, de réfringence différente : c'est le spectre solaire, dont la synthèse reconstitue la lumière blanche. Chaque rayon coloré élémentaire, que l'on nomme radiation, est formé de vibrations ondulatoires se communiquant de proche en proche comme des ondes sonores, dans un milieu particulier, l'éther physique, milieu impondérable, qui n'est pas la matière. Les rayons monochromatiques se distinguent les uns des autres par leur couleur, leur indice de réfraction croissant du rouge au violet et par la rapidité ou la fréquence de leurs vibrations ; ils sont désignés par leur longueur d'onde, c'est-à-dire par le chemin que parcourt la lumière pendant la durée d'une oscillation du rayon considéré. Elle est égale au quotient de la vitesse de la lumière par le nombre de vibrations de la radiation, soit $\lambda = \frac{V}{N}$. Quant au nombre de vibrations par seconde, il est en raison inverse de la grandeur de la longueur d'onde ; ce sont les rayons violets qui ont la moins grande longueur d'onde et le plus grand nombre de vibrations. On se sert, pour mesurer les longueurs d'onde, du micron ou μ, qui est la millième partie du millimètre, et surtout, depuis 1907, de l'unité Angstrom, qui en est la dix-millième partie.

La lumière, en entrant en contact avec des corps matériels, se transforme en énergies variées : lumineuse, calorifique et chimique, qui sont les qualités de toute radiation, dont la nature est celle du mouvement vibratoire.

Le spectre solaire comprend deux parties : l'une visible, l'autre invisible. La lumière visible à l'œil est comprise entre les deux limites du rouge visible, qui est de 7.610 A, et du violet visible, qui est de 3.970 A ; elle possède les trois qualités, surtout dans la partie moyenne, dans le vert ; c'est le jaune qui donne à l'œil la plus grande acuité visuelle (LANGLEY) ; les propriétés calorifiques prédominent dans les radiations allant du rouge au vert ; de là, jusqu'au violet, les propriétés chimiques vont en augmentant. Mais, en dehors de cette lumière visible, se trouvent d'autres rayons, les uns en deça du violet, les rayons ultra-violets, à propriétés chimiques très marquées, qui sont décelés par la fluorescence d'un écran de platino-cyanure de baryum et par leur propriété de réduire les sels d'argent, propriétés dont on se sert en photographie, et les autres au-delà du rouge, les rayons infra-rouges, à propriétés calorifiques prédominantes, que décèlent des thermomètres très sensibles et le bolomètre. L'infra-rouge solaire va jusqu'à 300.000 A et l'ultra-violet solaire jusqu'à 2.925 A. En réalité, il n'y a pas de limites distinctes entre les diverses radiations ; elles empiètent les unes sur les autres et l'on voit les rayons calorifiques s'étendre dans la région chimique et inversement. Il est admis actuellement qu'il n'y a pas trois sortes de radiations distinctes, mais que chaque radiation possède les trois propriétés calorifique, lumineuse, chimique, mais à un degré différent (MARQUÈS (1), ABBOT (2)).

Le soleil n'est pas la seule source spectrale connue ; les arcs électriques et les lampes à vapeur de mercure, où le verre est remplacé par le quartz, sont des sources à spectre

---

(1) MARQUÈS. — Les radiations en médecine. *Gaz. Méd. de Montpellier* déc. 1912.

(2) ABBOT. — *The Sun. London and New-York,* 1912.

plus étendu ; par des moyens appropriés, on peut connaître des rayons ultra-violets ayant une longueur d'onde de 1.030 A (Lyman) et même plus bas. Cette étude des rayons ultra-violets a été poussée très loin, depuis quelques années, et leur rôle bactéricide est actuellement bien connu (Nogier, Bordier, Chatin, V. Henri, D. Berthelot). On peut distinguer trois régions dans le spectre ultra-violet, d'après Nogier (1) :

1° L'ultra-violet ordinaire, allant de $\lambda = 3.920$ A à 3.000 A, comprenant l'ultra-violet solaire ; ces rayons sont peu absorbables et ne provoquent pas, chez les êtres vivants, les mêmes effets nuisibles que les radiations de plus courte longueur d'onde. Dastre les appelle pour cela « rayons biotiques », par opposition avec les « rayons abiotiques », qui forment les deux catégories suivantes. Ils ont un rôle utile pour les êtres vivants et rendent la vie possible à la surface du globe ; les végétaux les captent pour accomplir leur fonction chlorophyllienne ; « ce sont eux qui ont amené, au cours des périodes géologiques, la formation des forêts colossales, origines de la houille que nous utilisons aujourd'hui ; et lorsque nos foyers absorbent les combustibles, c'est de l'ultra-violet solaire vieux de plusieurs millions d'années que nous dépensons sans y réfléchir » (Nogier).

2° L'ultra-violet moyen est compris entre 3.000 et 2.225 A. Le spectre solaire possède très peu de ces rayons, puisqu'il ne s'étend, dans les plaines avoisinant Paris, que jusqu'à 2.948 A (Cornu) et jusqu'à 2.922 au sommet du pic de Ténériffe (Simony). Ce sont eux qui jouissent des propriétés bactéricides les plus étendues, mais en outre, ils sont doués d'un pouvoir nécrotique considérable, soit pour les cellules animales, soit pour les cellules végétales.

3° L'ultra-violet extrême de 2.225 à 1.030 A, très absorbable, n'a aucun intérêt pour nous, puisque l'on n'en trouve pas dans les rayons solaires.

La lumière visible et invisible est formée de vibrations, qui ne diffèrent de celles qui constituent le son, la chaleur, l'électricité et les autres radiations que par la grandeur de

(1) Nogier. — La lumière et la vie. *Thèse Lyon*, 1903-04.

leur longueur d'onde ; elles ne sont toutes que des modalités particulières d'une même énergie.

Le son et la chaleur sont formés de vibrations excessivement lentes ; à un degré beaucoup plus rapproché de la lumière, se trouve l'électricité à longueurs d'onde lentes et longues, puis les longueurs d'onde diminuant, on voit apparaître successivement les autres radiations, ainsi que le tableau de NOGIER ci-joint le résume :

GAMMES DES RADIATIONS

La vitesse des oscillations va en croissant de 1° jusqu'à 8°

Radiations	
1° Oscillations électriques	
2° Oscillations hertziennes	
3° Rayons de Rubens	décelables par le thermomètre et le bolomètre
4° Rayons infra-rouges	
5° Rayons lumineux (visibles par l'œil)	
6° Rayons ultra-violets	Révélés par la fluorescence et la photographie
7° Rayons de Rœngen	
8° Rayons de Becquerel	

On peut passer de l'un à l'autre et les considérer comme des vibrations d'atomes matériels engendrés par les rayons solaires.

2° Diffusion et Absorption

Lorsqu'un faisceau lumineux frappe un corps, une partie en est réfléchie, une partie réfractée, une partie diffusée, une partie absorbée.

La réflection est fonction des particules d'eau et de poussières flottant dans l'espace ; la réfraction est fonction des indices différents des substances traversées.

Après la diffusion, il n'y a plus de relation simple entre la vibration nouvelle émanant de la surface diffusive et la vibration initiale.

Cependant, il n'y a pas de transformations de la radiation, et la couleur du rayon diffusé est identique à celui du rayon éclairant. Si les rayons lumineux frappent certains corps, tels que le platino-cyanure de baryum ou le verre d'urane, ces différentes substances se transforment en sources lumineuses, émettant des radiations lumineuses de longueurs d'onde supérieures à celle des radiations excitantes ; ce sont les rayons ultra-violets qui sont les plus propres à ces phénomènes de luminescence. Les rayons ultra-violets bien étudiés par Bordier sont très diffusés par les étoffes blanches et ne le sont pour ainsi dire pas par les noires ; ce pouvoir de diffusion diminue avec l'humidité de la peau ; il diminue aussi du bleu au rouge, devenant nul pour le noir.

Quant à l'absorption, Draper a montré, en 1843, qu'elle était la condition *sine qua non* de l'activité des rayons ; il n'y pas d'action photochimique sans absorption de rayons ; L'inverse n'est d'ailleurs pas vrai et un corps peut absorber des rayons sans être modifié chimiquement par l'action de la lumière absorbée qui, dans ce cas, se transforme en chaleur. D'où ce fait qu'un faisceau lumineux ayant traversé un corps sur lequel il est susceptible d'agir chimiquement, est, par ce passage, dépouillé partiellement ou complètement de la propriété d'exercer une action photochimique semblable sur un second corps semblable, contenu dans un autre récipient placé plus loin ; les rayons actifs ont été absorbés par la traversée du premier milieu sensible. L'activité chimique de rayons déterminés est en raison directe de la facilité avec laquelle ils sont absorbés ; les rayons ultra-violets sont d'autant plus facilement absorbables qu'ils sont de plus courte longueur d'onde.

On se sert de cette propriété de pouvoir absorber les rayons lumineux pour doser la qualité et la quantité des rayons utiles à employer en clinique. C'est ainsi que l'on peut arrêter les rayons abiotiques et ne laisser filtrer que les rayons biotiques. Si, par exemple, entre la source lumineuse et le malade, on intercale un verre d'une épaisseur de 5 à 6 millimètres, les rayons ayant plus de 3.000 A passeront seuls ; l'opacité du verre est fonction de son épaisseur (Bordier et Fabry).

Tandis que l'eau distillée laisse passer la plus grande partie des ultra-violets, le moindre trouble, la moindre solution saline dans l'eau, diminue notablement sa transparence. Un centimètre d'épaisseur d'eau de la Méditerranée ne laisse pas passer les rayons ultra-violets au-delà de 2.140 A

(NOGIER) (1). L'air, l'oxygène et l'ozone, comme nous le verrons plus loin, ont aussi une transparence très limitée.

La nécessité de l'absorption des rayons lumineux pour produire des actions photochimiques, fait comprendre pourquoi ce n'est pas l'intensité des rayons lumineux qui détermine leur action biologique, mais leurs longueurs d'onde, le facteur qualité l'emportant sur le facteur quantité.

L'action élective que les corps exercent sur les différentes vibrations lumineuses, se traduit par les bandes ou les raies de leur spectre d'absorption, indiquant leur spécificité d'action (V. HENRI et WURMSER, D. BERTHELOT et GAUDECHON).

3° Pouvoir de pénétration

Une autre condition capitale de l'action de la lumière sur les tissus animaux et végétaux, est de les pénétrer. Nous verrons, à propos de l'action du soleil sur les êtres vivants, les conditions et les variations de cette pénétration ; mais on peut tout de suite admettre avec tous les auteurs, depuis les travaux de BUSK (2), que le pouvoir de pénétration des différents rayons va en croissant des rayons ultra-violets extrêmes, où il est à peu près nul, jusqu'aux rayons ultra-violets ordinaires biotiques et à la partie colorée du spectre, et l'augmentation se poursuit dans la région infra-rouge, où l'on doit chercher le maximum de pénétration ; mais, dans l'infra-rouge extrême, le pouvoir de pénétration baisse rapidement pour devenir nul.

4° Sensibilisateurs

Dans certains cas, VOGEL, puis WEIGERT, ont montré qu'il n'est pas absolument nécessaire que les rayons lumineux actifs soient absorbés par les corps susceptibles de subir une action photochimique, mais il suffit que les corps absorbants du rayon lumineux forment un mélange intime avec

---

(1) NOGIER. — Les bases scientifiques de la thérapeutique par la lumière. *Lyon*, 1913.

(2) BUSK. — Beitrag zu der Untersuchung über die Durchstrahlungs möglichkeit des Körpers. *Mitteilung aus Finsen's Med. Licht Inst.* (Heft 4).

le système chimique modifiable. Ces corps absorbants sont nommés « sensibilisateurs optiques » ; l'orthochromatisme est une application pratique, de ce fait, à la photographie. A côté des sensibilisateurs optiques, TAPPEINER, RAAB, JACOBSOHN, LEDOUX-LEBARD ont démontré l'existence de « sensibilisateurs chimiques », favorisant l'action photochimique de la lumière. C'est ce que font les substances fluorescentes (éosine, bleu de méthylène, bisulfate de quinine) ; il y a aussi, dans l'organisme humain, des sensibilisateurs photodynamiques, comme les pigments biliaires et l'hématoporphyrine (HAUSSMANN).

Les actions bactéricides et tissulaires de la lumière peuvent, elles aussi, être sensibilisées ; ainsi RAAB (1) a montré que la lumière solaire entraîne une nécrose locale des oreilles chez les souris, à qui l'on a injecté de l'éosine. JACOBSOHN prouve que les grenouilles, exposées à la lumière, succombent à des manifestations paraplégiques, à la suite d'injections souscutanées d'éosine, alors qu'elles les supportent bien à l'obscurité. DREYER (2) constate, sous l'action de la lumière, dans différents tissus injectés d'éosine (oreilles de lapin, langues de grenouilles), un violent œdème avec dilatation de vaisseaux et thrombose des capillaires. Mélangées à de l'éosine et soumises à la lumière, les toxines et les diastases sont plus rapidement atténuées (TAPPEINER (3), JODLBAUER (4)) ; on observe même l'affaiblissement de la toxine diphtérique, introduite dans le corps d'animaux, qui supportent une dose mortelle, si on leur a injecté antérieurement de l'éosine ou du bleu de méthylène. Après de nombreux travaux, TAPPEINER et JODLBAUER concluent que l'action sensibilisatrice est d'autant plus grande que la clarté fluorescente des matières photodynamiques est plus faible, sans qu'il y ait entre eux un rapport bien établi. La présence d'oxygène est

---

(1) RAAB. — Uber die Wirkung fluoreszierender Stoffe auf Infusorien. *Biol. Zeitung* XXI, p. 524, 1900.

(2) DREYER. — Uber den Einfluss des Lichtes auf tierische Geweb e u Sensibilisirung. *Mitteilung aus Finsen's Med. Licht Inst.* IX, p. 180, 1905.

(3) TAPPEINER. — Uber die Wirkung fluoreszierender Stoffe. *Münch. med. Woch.* LXVIII, p. 1810, 1901.

(4) JODLBAUER. — Uber die Wirkung der photodynamischen Stoffe auf Protozoen u. Enzym. *D Arch. Klin. Med.* LXXX, p. 427, 1904.

un facteur favorisant l'action des matières fluorescentes et joue un rôle important dans la constitution de la réaction photodynamique, soit cellulaire, soit chimique (Ledoux-Leaard, Straub, Saccharoff et Sachs). Les matières fluorescentes sont heureusement très répandues dans les règnes végétal et animal, favorisant ainsi les actions utiles de la lumière solaire. Un des types les plus remarquables de matière colorée fluorescente est la chlorophylle, qui possède un rôle capital dans l'assimilation de l'acide carbonique par la plante ; elle transforme l'énergie rayonnante en énergie chimique. Le pourpre rétinien, l'hémoglobine sont aussi de beaux échantillons de matières fluorescentes (Busk).

Les sensibilisateurs jouent un rôle important non seulement en physiologie, mais aussi on a pu faire sur eux d'intéressantes constatations en pathologie, à propos de la maladie du sarrasin des bovidés. Wedding (1) a montré qu'un érythème vésiculeux apparaissait sur les bœufs et les brebis nourris de sarrasin, à la suite de l'exposition de ces animaux soit au soleil, soit à la lumière diffuse du ciel. On empêche la maladie de se produire, en goudronnant la peau et jamais on ne trouve de vésicules sur les surfaces cutanées recouvertes de poils noirs. Busk a prouvé que le blé sarrasin contient un colorant fluorescent, la fluorophylle, et la maladie du sarrasin est due à une sensibilisation de la peau par le colorant contenu dans la plante.

Perutz (2) a montré qu'au cours de toutes les dermatoses causées par la lumière, il y a constamment, pendant toute la durée de l'éruption, de l'hématoporphyrinurie. La formation d'hématoporphyrine, après ingestion de sulfonal, favorise chez le lapin la production d'hydroa estival, après rayonnement par rayons ultra-violets ; de même chez l'homme, l'hématoporphyrine agit comme sensibilisateur photodynamique.

Dreyer, Neisser, Halberstædter pensent que c'est la présence de certains sensibilisateurs dans l'économie qui atté-

---

(1) Wedding. — Action de la lumière sur la peau des animaux. Verhand der Berlin. Ges. f. Anthropologie, 1899, p 167.

(2) Pérutz. — Uber die antagonische Wirkung des photodynamischen Sensibilisators auf ultra-violettes Licht. *Wien. Klin. Wochens.* 1912, n° 2.

nuent l'activité des rayons rouges, jaunes et verts, qui en soi ont une très grande puissance de pénétration et dont l'action biologique reste pourtant médiocre chez l'animal et chez l'homme.

Si deux substances fluorescentes se trouvent dans le corps d'animaux, elles ont le plus souvent une action synergique (éosine, hématoporphyrine) ; pourtant certaines substances, comme le bisulfate de quinine, sont antagonistes de l'hématoporphyrine.

On peut se servir de la sensibilisation des rayons lumineux en thérapeutique ; Busk traite la malaria par adjonction à la quinine de bain de soleil et de traitement électrique. Il est possible aussi que le bisulfate de quinine ait un effet thérapeutique heureux sur les dermatoses dues à la lumière (hydroa, éphélides, coup de soleil).

L'action des rayons ultra-violets est aussi nettement influencée par la présence de sels inorganiques qui sont catalyseurs à la température ordinaire ; le sulfate de fer, les sels d'uranium peuvent ainsi agir comme sensibilisateurs (D. Berthelot et Gaudechon).

5° Action photochimique

C'est une action catalytique que certains auteurs, comme Boderstein, ont invoquée pour expliquer l'action photochimique de la lumière. Nous ne ferons qu'esquisser les principes généraux de cette action, l'une des plus importantes de la lumière et, en tous cas, une des mieux connues, grâce aux travaux remarquables de D. Berthelot et de ses élèves.

La lumière, dans son action photochimique, agit soit directement, soit indirectement. Cette distinction a été très bien résumée par Achalme (1) :

« 1° Les réactions exothermiques, qui produisent de la chaleur en libérant de l'énergie, comprennent la combinaison du chlore avec l'hydrogène ou d'autres corps, la décomposition de l'acide iodhydrique, et l'on peut classer ces faits comme des phénomènes de catalyse. La lumière intervient

(1) Achalme. Electrotonique et Biologie. *Paris*, 1913.

pour déclancher la réaction ou l'accélérer ; elle joue le rôle typique de catalyseur ;

2° Dans les réactions endothermiques, qui ne s'accompagnent ni de dégagement, ni d'absorption de chaleur ou d'énergie, la lumière produit un véritable travail et ne se comporte plus comme un simple catalyseur. Ce groupe comprend la réduction des sels d'argent, des oxydes de mercure, de l'acide azotique, la fixation du carbone par les végétaux, sous l'influence de la lumière. La fonction chlorophyllienne, qui ferme le cycle vital de la terre, est certainement le phénomène photochimique dont l'importance est primordiale. Les réactions photochimiques endothermiques nécessitent une absorption d'énergie, susceptible de se transformer en énergie chimique. On peut considérer les vibrations lumineuses comme des oscillations électriques d'une fréquence énorme. Le résonateur est la molécule ou l'atome. C'est lui qui absorbe l'énergie de la lumière incidente. L'absorption nécessaire des rayons actifs s'explique parfaitement. L'énergie moléculaire ou atomique est ainsi accru d'une certaine quantité : c'est cette quantité qui devient disponible pour effectuer le travail chimique, décelé par la nature endothermique de la réaction. L'intervention d'une quantité minime de sels d'uranium augmente considérablement l'action des rayons ultra-violets : l'uranium agit comme un véritable catalyseur lumineux ».

Les réactions chimiques produites par la lumière consistent en modifications moléculaires, en combinaisons et en décompositions chimiques sur lesquelles nous n'avons pas à insister.

Toutes les longueurs d'onde lumineuses sont susceptibles d'exercer une action photochimique, mais cette action semble d'autant plus marquée que la longueur d'onde est plus faible (partie chimique du spectre solaire). Les phénomènes chimiques sont presque indépendants de la température, comme l'a montré Goldberg, ce qui les rapproche des phénomènes radio-actifs.

6° Les rayons solaires et l'atmosphère

La constitution de la lumière solaire se modifie à tous

moments, et change avec les lieux, les heures de la journée, les saisons. Nous allons indiquer quelles sont les principales modifications des rayons solaires apportées par la composition de l'air, les conditions météréologiques, la situation géographique.

Le soleil est la plus importante et la plus intense de toutes les sources de rayons lumineux, calorifiques et actiniques et la seule source naturelle ; mais il ne nous arrive qu'une partie de ses rayons. Ce sont surtout les rayons de courte longueur d'onde qui sont arrêtés ; en effet, les rayons ultra-violets, étant très réfrangibles, les plus courts sont en partie diffusés et en partie réfractés au niveau de notre atmosphère et vont se perdre dans les espaces interstellaires ; d'autre part, la vapeur d'eau, les brouillards, les poussières, les absorbent en grande quantité, si bien qu'une faible partie atteint seule l'écorce terrestre. De sorte que le spectre solaire, qui est très riche en rayons ultra-violets, est en partie dépouillé de ces radiations au niveau de la terre, celles-ci ayant traversé des milieux plus au moins défavorables à leur propagation.

Or, cette action défavorable sur les rayons est fonction de l'épaisseur de la couche d'air plus ou moins épaisse que les rayons doivent traverser. Schumann a montré qu'une couche d'air de un millimètre absorbe toutes les radiations au-dessous de 1.660 A ; Kreussler estime que 8,8 °/₀ des radiations de 1.860 A sont absorbées par une colonne d'air de 20 centimètres, alors qu'au dessus il n'y a pas d'absorption. Enfin, il est admis que l'atmosphère limite l'ultra-violet à 2.925 A (Cornu) ; mais il peut se produire quelques légères variations, suivant l'altitude qui modifie l'épaisseur de la couche d'air.

En règle générale, les rayons sont d'autant plus énergiques qu'ils frappent la surface terrestre suivant un angle d'incidence plus rapprochée de 90°, le soleil étant au zénith ; que le soleil se trouve plus proche de la terre, diminuant donc à mesure que l'on va vers le nord, et que, toutes choses égales d'ailleurs, l'atmosphère est d'une plus grande transparence et d'une moindre densité. C'est l'oxygène qui, dans les couches supérieures de l'air, absorbe les rayons de longueur d'onde au-dessous de 2.000 A ; au-dessus, jusqu'à 2.900, c'est à l'ozone, formée aux dépens de l'oxygène de l'air par les rayons de courte longueur d'onde, que l'on attribue l'opacité pour les rayons ultra-violets (HARTLEY, EDG. MAYER, BUISSON et FABRY). La teneur de l'air en ozone est très variable, d'où limite indécise de l'ultra-violet des rayons solaires. Un autre facteur d'atténuation des rayons solaires est la vapeur d'eau, qui, à vrai dire, n'absorbe pas les rayons actiniques, mais les réfléchit et les réfracte ; aussi, plus l'atmosphère est saturée d'eau, plus le spectre solaire est limité ; c'est en partie à cause de la sécheresse de l'air que les explorateurs polaires sont le plus souvent victimes de coups de soleil que les explorateurs de l'équateur. Enfin, les poussières de l'atmosphère, les fumées très-abondantes aux environs des villes forment un voile opaque aux rayons solaires.

A la suite d'expériences, certains auteurs ont constaté que la lumière diffuse du ciel pouvait avoir une puissance chimique supérieure à celle de la lumière directe du soleil (MARCHAND (1), ROSCOÉ), et, c'est à cette lumière diffuse, comme nous le verrons plus tard, que doit être rapportée l'action principale de l'héliothérapie marine. Certains nuages blancs (cirrus ou cumulus) au zénith favorisent la réaction photochimique (MARCHAND). Un léger rideau de nuages blancs peut quadrupler l'action de la lumière du ciel, alors que les nuages d'orages ou des épais brouillards absorbent une grande partie de l'action chimique de la lumière diffuse émanée du ciel (BUNSEN et ROSCOÉ).

7° Variations journalières et saisonnières de la lumière

L'intensité chimique du soleil varie aussi avec les heures de la journée et avec les saisons. La force chimique totale (soleil + lumière du ciel), rayonnée entre 10 et 14 heures, forme la moitié de la force totale rayonnée dans la journée entière.

MALGAT (2) a décrit les variations des radiations solaires

(1) MARCHAND. Mesure de l'action chimique produite par la lumière solaire. *C. R. Académie des Sciences*, tome 76, p. 762.

(2) MALGAT. Cure solaire de la tuberculose pulmonaire. *Nice*, 1903-1909.

dans une journée à Nice : « Dès l'aurore, les rayons de plus grande longueur d'onde apparaissent ; puis viennent, par ordre de réfrangibilité, les rayons orangés et jaunes. Puis le soleil apparaît, et, immédiatement, les rayons verts. Les rayons bleus et violets à réfrangibilité plus grande n'apparaissent que lorsque le soleil est plus haut. Puis, tous les rayons colorés sont confondus. Tout s'éclaire alors avec une violence inouie. Dès que la chaleur a vaporisé les vésicules d'eau flottant dans l'air, une abondante polarisation se produit. Des hauteurs de l'atmosphère partent vers la terre une telle quantité de rayons bleus que la mer devient bleue et bleues aussi les montagnes entourant Nice. L'éclairement a donc une énergie chimique considérable en dehors des autres rayons actiniques dont on est gratifié. Puis, au coucher du soleil, les radiations obliques traversent les couches d'air, plus denses et plus humides. Embrasement du ciel, de la mer, de la terre. La nuit, le ciel reste très bleu. Certains jours voilés, il peut encore y avoir un éclairement puissant, les rayons frappant les nuages, comme une glace polie, et nous renvoyant une lumière éblouissante. »

Roscoé a résumé les variations journalières de l'intensité chimique du soleil en montrant qu'elle est fonction linéaire de la hauteur du soleil, lorsque cet astre a une hauteur comprise en 10 et 65° ; au-delà de 65°, le courbe s'incline rapidement. Elle augmente avec la température, la chaleur favorisant la transparence chimique de l'air et diminuant l'opacité de l'atmosphère. En plaine, à midi, par un temps clair, dans de bonnes conditions de sécheresse, les rayons actiniques vont jusqu'à 2.925 A (Cornu) ; au même endroit, à 5 heures du soir, ils sont réduits à 3.150 A. L'intensité du spectre actinique augmente en été et, à ce moment-là, il y a peu de différence entre l'ultra-violet à la plaine et à la montagne.

8° Variations suivant la situation géographique

L'intensité des radiations solaires varie suivant l'endroit où on les recueille. A la montagne, l'intensité actinique du soleil est certainement plus grande que dans la plaine. Dans la plaine, GAMGÉE a vu manquer, dans certains cas, 10 °/₀ des ultra-violets qu'il trouvait à la montagne. BUNSEN et ROSCOÉ (1) établissent qu'à l'époque où le soleil approche le plus du zénith, sous les latitudes de l'Himalaya, son énergie chimique est moitié plus grande sur les plateaux thibétains que dans les plaines basses de l'Inde. Mme et M. VALLOT ont observé, en 1897, qu'entre Chamonix (1,095 mètres) et le Montanvers (1,925 mètres), il y a une variation de radiations chimiques très notables ; le rapport varie entre 1,5 et 2,9, suivant l'état de l'atmosphère. NOGIER a fait des constatations analogues.

La différence séparant les radiations chimiques de l'altitude de celles de la plaine, s'explique pour ROLLIER (2) par un certain nombre de conditions : d'abord, la diminution de la couche d'air, l'absence de poussières et de fumées, qui absorbent dans de grandes proportions les rayons ultra-violets, surtout la sécheresse de l'air, due à une pression barométrique moindre, facilitant l'évaporation, enfin, la rareté des pluies. Ces différences sont surtout nettes en hiver, à cause de la rareté des brouillards (NOGIER, ROSSELET) (3). En outre, la neige augmente l'intensité chimique par la réflection des radiations ; c'est à cette réverbération que sont dus les coups de soleil des glaciers. En réalité, c'est moins l'accroissement d'étendue du spectre solaire qui donne une particularité aux radiations de l'altitude que l'intensité de ces radiations ; c'est la raison pour laquelle les couleurs passent très vite à la montagne et pour laquelle les photographes n'ont besoin que d'un temps de pose très court.

Mais les radiations sont aussi intenses à la mer ; la lumière solaire est tamisée sur la plage par la vapeur d'eau en suspension dans l'air et l'intensité est accrue par la réfraction dans l'air et par l'extrême puissance de la lumière diffuse très riche en rayons chimiques.

---

(1) BUNSEN et ROSCOÉ. — Etude de l'absorption des rayons chimiques. *Ann. de chim. et de phys*, 3e série LV, p. 352, 1859.

(2) ROLLIER. — Recherches scientifiques sur la cure solaire. *Congrès de Physiothérapie. Paris*, 1907.

(3) ROSSELET. — Les radiations ultra-violettes. *Tuberculosis*, mai 1911.

La mer absorbe les rayons rouges et infra-rouges et réfléchit la plus grande partie des rayons jaunes, bleus et violets (HANN). Et DUPAIGNE ajoute : « la lumière solaire n'est pas sensiblement plus riche en rayons ultra-violets dans les altitudes facilement accessibles à l'homme qu'au niveau de la mer, bien entendu quand l'air est limpide, c'est-à-dire à insolation égale ou plutôt à degré actinamétrique égal. » C'est ce qu'a démontré CORNU : une élévation de 2,400 mètres permet de gagner seulement par beau temps 30 A sur la limite du spectre, ce qui est insignifiant : « l'augmentation de la couche d'air influant beaucoup plus sur la limite du spectre par l'augmentation des zones inférieures seules, réalisées par les différences d'altitudes entre les montagnes et la mer. » Un rivage marin, fortement ensoleillé, et pourvu d'un ciel limpide, est aussi riche que possible en rayons solaires de petites longueurs d'onde. C'est ce qui arrive, par exemple, en Grèce, en Italie, et, particulièrement, sur le littoral français méditerranéen (DUPAIGNE). Aux rayons solaires, s'ajoute, sur les bords méditerranéens, une luminosité diffuse extraordinaire due à la pureté et à la sécheresse relative de l'air, à la disposition en pentes exposées au midi des pays riverains, à la réflection lumineuse sur la mer et les rochers, à la température toujours douce. L'insolation est constante, grâce à l'absence de brouillards, de brumes et de fumées.

Nous verrons, à la fin de ce travail, quelles sont les raisons physiologiques qui créent un caractère particulier et des indications spéciales aux deux grandes modalités de l'héliothérapie : à la mer et à la montagne.

Connaissant les règles qui régissent l'émission, le mouvement, la marche, les modifications d'intensité et de qualité des radiations solaires, nous pouvons maintenant étudier les phénomènes physiologiques actuellement connus qu'elles engendrent.

On peut les grouper en QUATRE CHAPITRES :

Action de la lumière solaire : 1° sur les bactéries ;

2° sur les végétaux ;

3° sur les animaux et sur l'homme.

9° Conclusions

1° L'héliothérapie, ou traitement par le soleil, est connue depuis l'antiquité, mais est restée longtemps abandonnée.

2° La lumière solaire est formée des nombreux rayons, constitués par des vibrations ondulataires de l'éther. De ces rayons, le uns sont colorés et visibles, les rayons lumineux ; les autres invisibles, les ultra-violets et les infra-rouges. Ces rayons possèdent, à des degrés différents, les trois qualités : lumineuse, chimique et calorifique. Les propriétés calorifiques cessent à mesure que l'on se rapproche de la région infra-rouge ; les propriétés chimiques, à mesure que l'on se rapproche de la région ultra-violette. Tous les rayons sont biotiques, sauf les rayons de l'ultra-violet moyen et extrême qui sont abiotiques.

3° Les radiations solaires sont désignées par leur longueur d'onde, c'est-à-dire par le chemin que parcourt la lumière pendant la durée d'une oscillation complète des rayons considérés.

4° Les rayons solaires frappant un corps sont, soit réfléchis, soit réfractés, soit diffusés, soit absorbés. L'absorption est la condition principale de l'activité des rayons et ils ne produisent une action photo-chimique ou photo-biologique que s'ils sont absorbés. Chaque corps chimique ou biologique a un spectre d'absorption spécifique.

5° Les rayons solaires n'agissent sur les tissus animaux et végétaux que s'ils les pénètrent. Le pouvoir de pénétration croît de la région ultra-violette jusqu'à l'infra-rouge.

6° Il y a des substances fluorescentes (éosine, bleu de méthylène, bisulfate de quinine, pigments biliaires, hématoporphyrine) qui favorisent les actions photochimiques et photobiologiques de la lumière ; ce sont les sensibilisateurs. Ils peuvent être employés pour augmenter l'action de l'héliothérapie.

7° Les rayons solaires de plus courtes longueurs d'onde sont arrêtés par l'atmosphère, absorbés qu'ils sont par l'oxygène et l'ozone des couches supérieures de l'air. L'humidité de l'air, les poussières, les fumées limitent aussi l'ultra-violet solaire.

8° La lumière diffuse du ciel peut avoir une puissance chimique supérieure à celle des rayons solaires.

9° L'intensité de la lumière est fonction de la hauteur linéaire du soleil ; son maximum est entre 10 et 14 heures et elle est plus puissance en été qu'en hiver.

10° A la montagne, la richesse actinique des rayons solaires est plus grande qu'en plaine et qu'au bord de la mer, à cause de la moindre épaisseur de la couche atmosphérique. Mais, au bord de la mer, l'intensité actinique de la lumière diffuse compense largement la moindre intensité des rayons directs du soleil, et l'intensité de l'ensemble du spectre est augmentée par l'énorme réverbération des radiations solaires par la mer.

CHAPITRE II

ACTION DE LA LUMIÈRE SOLAIRE SUR LES BACTÉRIES

L'action des rayons solaires sur les bactéries a fait, depuis quelques années, l'objet de nombreux travaux. A la vérité, les études ont surtout porté sur l'action des rayons chimiques et en particulier des ultra-violets ; mais le point de départ a été l'étude des radiations solaires. Comme il est difficile actuellement de faire une distinction complète entre les effets des rayons solaires et des rayons ultra-violets sur les bactéries, nous allons montrer l'action des rayons chimiques en général, en insistant sur ce qui appartient à proprement parler au soleil. — Cette question a été surtout étudiée en France par Chatin, Nogier, Bordier, V. Henri.

1° Action favorisante de la lumière sur les bactéries

Si les rayons solaires ont surtout une action néfaste sur les bactéries, il n'en est pas toujours ainsi ; lorsque l'insolation est légère, ils peuvent, au contraire, provoquer des effets salutaires.

Les mouvements sont activés par la lumière solaire, ainsi que l'a montré Engelmann (1) : le « bactérium photometricum » ne remue qu'à la lumière et s'accumule sous les régions de plus grande intensité lumineuse ; les spores de « botrydium granulatum », les plasmodies « Aethalium », les spores de « volvex globulator » se comportent de même.

(1) Engelmann. — *Botanische Ztg.*, 1881 et 1882.

Engelmann a montré aussi que si l'on dissocie les rayons, on voit une action spécifique de chaque radiation pour un groupe bactérien particulier.

Le « paramecium cussida » gagne la partie rouge du spectre, alors que l' « euglena viridis » préfère la partie bleue. — Cette influence de la lumière sur le mouvement ne modifie pas la place ou l'ordre des cellules, mais amène, par une irritation intense, une contraction protoplasmique, véritable mouvement amiboide que l'on désigne sous le nom de « phototonus », étudié par Strassburger, Dreyer, Verworn et Engelmann.

2° Modification des propriétés biologiques des bactéries

La lumière peut aussi modifier les propriétés biologiques et les conditions d'existence de certaines espèces microbiennes. Ainsi, l'on peut transformer les cultures aérobies de bactérium photomatricum en anaérobies ; alors que cette bactérie, à l'obscurité ou dans la lumière diffuse, a besoin d'oxygène pour vivre ; au contraire, irradiée par une lumière solaire directe, elle trouve, grâce à sa matière colorante, l'oxygène nécessaire, dans la décomposition de l'acide carbonique ambiant.

Elfwing (1) et Laurent (2) ont montré, au cours d'expériences, que, suivant l'intensité de la lumière, on peut soit développer la matière colorante des bactéries chromogènes, soit, au contraire, supprimer la fonction chromogène des bacilles de Kiel. d'Arsonval et Charrin (3) ont, de leur côté, obtenu des résultats analogues avec le bacille pyocyanique ; après 5 à 6 heures d'insolation, ces bacilles ne forment plus de pigment. Il y a vráiment disparition du pouvoir chromogène et non pas, comme on pourrait le croire, simplement destruction du pigment.

---

(1) Elfwing. — Studien über die Einwirkung des Lichtes auf die Pilze. *Helsingfors*, 1890.

(2) Laurent. — *Annales de Pasteur*, 1888.

(3) D'Arsonval et Charrin. — Influence des agents atmosphériques, lumière et froid, sur les bacilles pyocyaniques. — *C. R. Ac. d. Sciences*, janvier 1894, et *Sem. Méd.*, 1894.

3° Modification des affinités colorantes des bactéries

Les propriétés tinctoriales des bactéries peuvent être modifiées par la lumière. Bien que ce soient surtout les lumières artificielles qui agissent, parce que plus riches en rayons ultra-violets, la lumière solaire peut pourtant, étant très prolongée, produire les mêmes résultats.

Après une longue séance d'irradiations ultra-violettes, la coloration peut devenir impossible ; il y a modification de la bactérie dont le corps semble se désagréger et présente des figures de bactériolyse. Quelquefois, la colorabilité est simplement pervertie ; c'est ce qui se produit par exemple pour le staphylocoque qui ne prend plus le Gram. Victor Henri et Mlle Cernovodeanu (1) ont montré que le bacille tuberculeux perd la faculté de coloration par le Gram. à l'état sec et en émulsion, et que ce bacille comme celui de la phléolé perdent leur acido-résistance à l'état sec et non en émulsion. La résistance de la colorabilité par les diverses méthodes due à l'action des rayons actiniques varie suivant les espèces microbiennes et il n'y a pas de parallélisme entre la disparition de la colorabilité par les différentes méthodes. Les substances qui prennent le Gram ont tendance à se concentrer sur les granulations de Much, alors que les substances acido-résistantes paraissent être diffusées uniformément.

4° Action bactéricide de la lumière solaire

Si la lumière peut modifier les propriétés biologiques et les réactions histochimiques des bactéries, ces phénomènes ne sont que secondaires ; bien au contraire, l'action la plus importante et la plus connue est l'action bactéricide. La lumière (solaire, diffuse, électrique) produit une action nuisible sur les bactéries, provoquant, suivant son intensité, l'arrêt de développement, la diminution de virulence ou la destruction.

1° Le *pouvoir bactéricide de la lumière* a commencé à être

---

(1) V. Henri et Mlle Cernovodeanu. — Action des rayons ultra-violets sur les microbes. — *C. R. Ac. d. Sciences*, 5 janvier et 14 mars 1910.

étudié en 1877, par DOWNES et BLUNT (1), puis par DUCLAUX (2) qui considérait la lumière solaire comme « l'agent d'assainissement le plus universel, le plus économique et le plus actif, auquel puisse avoir recours l'hygiène privée et publique ; » avec lui TYNNDAL, NOCARD, STRAUSS, ARLOING, BÜCHNER et KRAUSE, DIEUDONNÉ, BIÉ, NOGIER, V. HENRI, J. COURMONT, THEVENOT, continuèrent cette étude et apportèrent une importante contribution expérimentale.

Les premières expériences de DOWNES et BLUNT sont simples, mais probantes ; ils exposent au soleil des tubes contenant un liquide sucré et minéral, ensemencé avec une bactérie ; la moitié des tubes est recouverte de plomb, les autres sont nus ; les tubes protégés sont donc seuls à l'abri de la lumière, mais non pas de la chaleur. On les met tous à l'étuve et seuls les tubes protégés se peuplent rapidement.

DUCLAUX (3) insiste sur les conditions des expériences ; pour qu'elles aient toute leur valeur, on doit s'adresser à une espèce microbienne bien définie, employer un milieu de culture bien approprié et mesurer exactement le temps d'insolation. Il conclut que le degré de résistance au soleil des spores de divers microbes, est variable suivant l'espèce bactérienne, et pour une même bactérie suivant la nature du milieu de culture où on l'a cultivée ; les spores seraient plus résistantes que les bactéries.

ARLOING (4) fait ses recherches sur la bactéridie charbonneuse et il constate que c'est uniquement la lumière directe du soleil qui agit et que les spores sont moins résistantes que les bactéridies.

ROUX (5) démontre que cette diminution de la résistance des spores observée par ARLOING, fait anormal, tient à une

---

(1) DOWNES et BLUNT. — On the action of sunlight on Mikroorganism. *Proc. Rey. Soc. of. London,*, 1877, XXVI, p. 488.

(2) DUCLAUX. — Action de la lumière sur les bactéries. *C. R. Ac. d. Sc.*, C. p. 119, 1885

(3) DUCLAUX. — Action de la lumière sur les bactéries. *C. R. Ac. d. Sc.* C. p. 119, 1885.

(4) ARLOING. — Influence de la lumière sur le charbon. *Semaine Méd.* 1885, p. 46-293-309.

(5) ROUX. — Action de la lumière sur les microbes. *Annales de Pasteur*, 1887, I. p. 445.

question de milieux de culture, le milieu étant modifié par l'air et le soleil, ce qui le rend impropre à la germination des spores, mais ce qui ne l'a pas assez modifié pour empêcher l'évolution des bactéridies déjà formées.

2° On a ensuite recherché l'*action spéciale de la lumière sur chaque espèce microbienne :* PANSINI (1) expose des cultures de charbon au soleil de Naples, à une température variant de 32 à 40 degrés. Avant l'exposition, les cultures contenaient 2520 colonies ; après 10 minutes d'insolation, il n'y en a plus que 360 ; après 20 minutes, 130 ; après une heure, il ne reste plus que 4 colonies. Non seulement les rayons directs du soleil ont pu agir, mais encore la lumière diffuse, quoique moins active, exerce encore une action retardante considérable. L'action est surtout rapide dans les premières minutes d'exposition pour ne devenir complète qu'au bout de plus d'une heure pour les bactéries, de 8 heures pour les spores.

Le bacille de Koch est détruit en 5 ou 6 jours par la lumière diffuse ; il survit 22 jours à l'abri de la lumière, tandis que par l'insolation directe, il est tué en 2 heures en culture sur bouillon glycériné ; en une demi-heure, lorsqu'il est desséché sur une lame de verre (LESIEUR et LEGRAND) (2). MIGNESCO (3), après avoir exposé 24 heures au soleil, des étoffes souillées de crachats bacillifères, ne peut retrouver au microscope traces de bacilles et la macération de l'étoffe injectée à des cobayes ne les tuberculise pas ; RAMSONE et SHERIDAN (4) refont ces expériences et obtiennent les mêmes résultats.

L'action microbicide de la lumière se produit aussi sur les crachats exposés au soleil. JOUSSET (5) montre qu'après 24 heures d'exposition, ils conservent encore une viru-

---

(1) PANSINI. — Action de la lumière sur les microbes. *Rev. d'Ig.*, 1889.

(2) LESIEUR et LEGRAND. — Action du soleil sur le bacille de Koch. *Province Méd.*, 8 février 1907.

(3) MIGNESCO. — Action de la lumière sur le bacille tuberculeux. *Ann. Ig. Sperm.* 1895, p. 216.

(4) RAMSONE et SHERIDAN. — Action de la lumière sur le bacille tuberculeux. *New-York, Méd. Journ.*, 1894 12.

(5) JOUSSET. — Action de la lumière solaire et diffuse sur le bacille de Koch. *Soc. de Biol.*, 27 oct., 26 nov. 1900.

lence, pourtant atténuée ; mais ils tuberculisent encore le cobaye. Après 48 heures, la stérilisation est complète. Il conclut « que la lumière solaire est un agent énergique et certain de désinfection pour le bacille de Koch et que les cultures pures doivent être conservées à l'abri de la lumière pour éviter d'être stérilisées ». MALGAT et HAMESSE ont vu aussi la stérilisation de crachats tuberculeux par la lumière solaire.

METTLER (1) stérilise au soleil des cultures de vibrion cholérique, de staphylocoque doré, de coli-bacille, de bacille d'Eberth. BÜCHNER et KRAUSE (2) tuent le bacille d'Eberth après 2 heures d'exposition au soleil ; ils ont les mêmes résultats avec le vibrion cholérique et le coli-bacille. KITASATO et PALERMO (3) montrent que le bacille de la peste et le vibrion cholérique meurent en 3 à 5 heures au soleil. Avec le bacille de de Klebs-Lœffer, ROUX et YERSIN (4) obtiennent des résultats analogues. BIÉ (5) montre aussi qu'après quelques heures d'insolation, les cultures de spores de « sang de rate » ne sont pas capables de se développer. WITTLING (6) constate que les rayons solaires ont une puissante action antiseptique sur les spores de bactéries, contenues dans les poussières des rues ; mais l'action est atténuée si les poussières sont mouillées.

3° Les bactéries ne sont pas seulement détruites en culture et à l'état sec, mais la destruction peut être aussi recherchée *dans les tissus*. On se sert du pouvoir de pénétration des rayons actiniques à travers les tissus, pouvoir sur lequel nous reviendrons dans un Chapitre ultérieur.

---

(1) METTLER. — Experimente über die bakterizide Wirkung des Lichtes auf mit Eosin, Erythrosin, u. Fluorizin gefärbte Nährboden. — *Bakt. Abt. d. Hyg. Inst. d Univ. Zürich*, 1905.

(2) BÜCHNER et KRAUSE. — Ueber den Einfluss auf Bakterien. *Centralblatt* 1892.

(3) PALERMO. — Action de la lumière sur le vibrion cholérique. Ann. Ig. Sperm. III, janvier.

(4) ROUX et YERSIN. — Action de la lumière sur les microbes. *Ann. Inst. Pasteur*, 1887, I. p, 445.

(5) BIÉ. — Lichttherapie. *Deutsche Aertze-Ztg*. 1912.

(6) WITTLING. — Action purificatrtce de la lumière. — *Wiener Klin. Wochensch.* 1896, p. 1229

C'est ce que Nagelschmidt (1) et Finsen ont parfaitement montré, en obtenant la destruction des bacilles de Koch au sein des tissus lupiques ; c'est en partie sur cette constatation qu'a été établie la photothérapie par Finsen (2) qui, pour augmenter l'action bactéricide et l'action pénétrante des rayons ultra-violets, se sert de lampes électriques en quartz.

Mais l'action bactéricide ne peut se produire chez les êtres vivants que dans les tissus superficiels. Au-delà de 1 à 2 millimètres, l'action est peu sensible. Kayser voit pourtant, après 6 semaines d'insolation de la poitrine de deux malades tuberculeux, le nombre des bacilles de Koch diminuer lentement mais progressivement, dans les crachats. Malgat (3) a vu, lui aussi, chez les tuberculeux insolés, les crachats contenir moins de bacilles. De Renzi, en 1895, prit 2 lots de cobayes inoculés avec du pus tuberculeux : le premier fut mis dans une cage de verre, le second dans une cage de bois ; les premiers moururent bien après les seconds, grâce à l'action bienfaisante de la lumière solaire.

4° Les *milieux liquides* peuvent être aussi stérilisés par la lumière, et l'on sait qu'actuellement la stérilisation de l'eau par l'ultra-violet artificiel est considérée comme l'un des meilleurs moyens de se procurer l'eau stérile. Mais le soleil lui-même joue un rôle capital dans la purification du sol, des eaux, des rivières, des fleuves, des eaux polluées des égouts, qui redeviennent pures et aseptiques. Les rayons solaires peuvent traverser une couche d'eau assez épaisse, puisque Praussnitz, Procaccini, Büchner ont montré que l'on pouvait obtenir une action bactéricide de la lumière solaire complète à 1 mètre 60 et partielle à 3 mètres de profondeur (lac de Starnberg, Méditerranée).

5° Analyse des rayons bactéricides

Quand on eut reconnu cette action bactéricide si puissante

---

(1) Nagelschmidt. — Zur Theorie der Lupusheilung durch Licht. *Arch. f. Derm. u. Syph.*, LXIII, p. 345, 1902.

(2) Finsen. — Ueber die Bedeutung der chemischen Strahlen des Lichtes für medizinische Biologie. *Vogel. Leipzig*, 1894.

(3) Malgat. — Cure solaire de la tuberculose pulmonaire, 1903 et 1909.

et si utile du soleil, on voulut connaître quels étaient les rayons qui en étaient les auteurs.

C'est Janowski (1) qui montre le premier, le rôle particulièrement nocif des radiations chimiques bleues et violettes, constatation que renouvelle quelques temps après Kothliar (2). Geisler (3) examine comparativement, sur des cultures de *bacilles d'Eberth*, l'action de la lumière bleue et de la lumière électrique (lampe à arc de 1.000 bougies). Il ne trouve pas de différences très marquées entre les deux lumières, sinon que la lumière électrique est plus chargée en rayons actiniques ; il conclut que toutes les radiations solaires et électriques, sauf les radiations rouges, ralentissent le développement des bactéries, mais cette influence est d'autant plus forte que l'indice de réfraction des radiations est plus grande ou la longueur d'onde plus petite. Büchner (4), qui fit des recherches analogues, arrive aux mêmes conclusions.

D'Arsonval et Charrin montrent que la lumière blanche diminue le pouvoir chromogène des *bacilles pyocyaniques*, les cultures deviennent blanches après une exposition courte aux rayons chimiques et sont détruites par une exposition longue ; par contre, il n'y a pas de modifications, si on les expose aux rayons calorifiques.

Ledoux-Lebard (5) montre que les *bacilles diptériques* sont tués par les rayons les plus réfrangibles du spectre. Finsen et Bié (6), dans leurs remarquables études sur le rôle bactéricide de la lumière, se servent d'une lampe à arc de 6.000 bougies, irradiant une culture de *bacillus prodigiosus*. Si l'on représente par 100 le pouvoir bactéricide, 96 °/₀ appartiennent aux rayons chimiques et 4 °/₀ seulement aux autres radiations.

---

(1) Janowski. — *Centralbl. f. Bakteriol.*, 1890, VIII.

(2) Kothliar. — Action de la lumière sur les bactéries. *Vratch.*, 24 septembre 1893. *C. R. Annales de Pasteur*, mai 1893.

(3) Geisler. — *Centralbl. f. Bakteriol*, II, 1892.

(4) Büchner — Ueber den Einfluss des Lichts auf Bakterien. *Arch. f. Hyg.*, XVIII, p. 179.

(5) Ledoux-Lebard. — *Arch. de méd. expér. et d'anat. path.*, 1893.

(6) Finsen et Bié. — Mitteilungen aus Finsen's Licht-Institut. Leipzig, 1900.

Ruoff (1), qui a étudié l'action bactéricide des différentes radiations sur quelques microbes, donne les comparaisons suivantes : il détruit en 106 heures les spores du « *sang de rate* » avec les rayons rouges de la lumière électrique, tandis qu'avec la lumière électrique complète, il ne provoque, dans le même temps, qu'une simple diminution du nombre de spores. Les bacilles « du sang de rate » sont un peu moins résistants que les spores au rayonnement. Les rayons violets, ainsi que la lumière électrique pure les tuent en 100 heures, alors que l'action des rayons bleus et rouges est très médiocre. Les bactéries, « qui fuient le rouge », sont anéantis par les rayons rouges en 45 heures, par les bleus en 64 heures et par la lumière électrique en 84 heures. Les rayons violets ne provoquent de diminution des bactéries qu'après 84 heures. Les *vibrions cholériques* sont affaiblis par la lumière électrique, en 18 et 40 heures, et sont détruits en 64 heures. Les rayons bleus, rouges et violets, irradiés pendant une courte durée, diminuent la virulence des vibrions, tandis, qu'irradiés pendant une longue durée, ils produisent l'effet contraire, une augmentation de virulence. Les bacilles de la *peste du porc* meurent en 64 heures, sous l'action des rayons violets ; mais, les rayons bleus et rouges. sont sans effet sur eux et la lumière électrique diminue leur vitalité en 18 heures. Les *sarcines oranges* sont tuées par les rayons bleus en 24 heures, par la lumière électrique en 48 heures, et par les rayons rouges en 96 heures ; les rayons violets ne produisent seulement qu'une diminution du pouvoir colorant. Pour tuer le *bacillus prodigiosus*, il faut 24 heures de rayons bleus, 48 heures de rayons rouges et de lumière électrique, tandis que les rayons violets empêchent seulement le développement de la culture.

Les *bacilles pyocyaniques* et les *staphylocoques pyogènes citrins* supportent 120 heures d'irradiation sans mourir ; les rayons violets diminuent un peu leur virulence ; les rayons bleus et les rayons électriques la diminuent moins et moins encore les rayons rouges. En réalité, le pouvoir de résistance

(1) Ruoff. — Die Einwirkung des electrischen Lichts auf Bakterien. *Stuttgart*, 1912.

des bactéries, à l'action du rayonnement, ne varie qu'en de faibles limites ; mais, d'après les expériences de RUOFF, on voit que chaque rayon produit des réactions légèrement différentes, suivant le microbe en cause.

Dans des expériences faites dans le laboratoire du Pr EXNER, sur l'action des rayons chimiques sur le *bacille de Koch*, KAYSER, en se servant de la lumière électrique, étudie successivement : 1° 3 cultures pures de bacilles de Koch, soumises à l'action de la lumière bleue pure, à 5 mètres, pendant 3 minutes ; 2° Des cultures pures attachées au dos d'un patient et éclairées à travers le corps pendant une demi-heure chaque jour et 6 jours de suite ; 3° 3 cultures pures, exposées à une lumière, privée de rayons calorifiques. Les microbes atteints par les lumières bleues, violettes et ultra-violettes sont tués, le contrôle étant fait par l'inoculation. Les cultures, exposées à la lumière jaune, s'accroissent. La surface éclairée à travers le corps d'un patient, à 5 mètres de distance, pendant 25 minutes, montre le positif d'une épreuve négative photographique.

D'une façon générale, on peut dire que les rayons lumineux (jaunes) et surtout les rayons chimiques (bleu, violet, ultra-violet) sont bactéricides, tandis que les rayons calorifiques (rouge et infra-rouge) semblent moins actifs et même souvent semblent favoriser le développement des microbes ; cependant, actuellement certains auteurs pensent que les rayons calorifiques ne sont pas entièrement dépourvus d'action bactéricide. Dans l'ultra-violet, les plus bactéricides sont les rayons abiotiques de DASTRE, qui donnent la réaction photo-chimique la plus intense, et il y a un parallélisme constant entre l'action bactéricide et l'action chimique de l'ultra-violet.

La nature des microbes influe considérablement sur la durée de l'insolation nécessaire, sans que la forme, la taille, la résistance à la chaleur ne puissent rien faire préjuger en ce qui concerne ces différences de résistance.

Les microorganismes, tués par la lumière, ont une désorganisation profonde, se traduisant par l'apparition de granulations protoplasmiques, correspondant à un commencement de coagulation, par la fixation des éléments, par la perte de leurs affinités, pour certains colorants, et par l'apparition d'affinités anormales pour d'autres. La perméabilité pour les couleurs semble augmenter ; les microbes, prenant le Gram, se décolorent par cette méthode après irradiation ; de même, les bacilles de Koch perdent leur acido-résistance.

6° Les raisons de l'action bactéricide

On s'est demandé à quoi était dû ce pouvoir bactéricide de la lumière, si les rayons chimiques en étaient seuls les auteurs, et si, au contraire, il fallait plusieurs autres conditions.

La première théorie qui fut admise était que la lumière agissait indirectement comme antiseptique. Downes et Blunt comparaient son action à l'action comburante que la lumière exerce sur les solutions d'acide oxalique et sur la diastase inversive du sucre qui est détruite. Pour Roux et Duclaux, l'air est en effet nécessaire, car les rayons chimiques n'agissent que comme excitant pour mettre en jeu des actions chimiques qui sont pour la plupart du temps des phénomènes d'oxydations. Pour Leredde et Pautrier (1), la présence d'oxygène dans l'air paraît être la source principale de ces oxydations et si l'action bactéricide a pu s'observer dans le vide (expériences de Momont), la présence de l'air l'accélère et la renforce considérablement. En outre, la lumière agit sur les milieux de culture et les modifie en y déterminant la production d'eau oxygénée, dont le pouvoir antiseptique est très puissant ; c'est cette opinion que soutiennent Krause, Marshall-Word, Dieudonné. Richardson (2) montre que dans des urines bacillifères irradiées, il se forme de l'eau oxygénée, qui, pour lui aussi, est la cause des propriétés bactéricides de la lumière.

Pour Quincke (3), la lumière agit sur l'économie par l'intermédiaire de l'oxygène du sang et de celui qui se trouve à l'état libre ou combiné dans les tissus, en provoquant l'oxy-

---

(1) Leredde et Pautrier. — Photothérapie-Photobiologie. *Paris*, 1903.

(2) Richardson — *Journ. of the Chem. Soc.* LXIII, p. 1109.

(3) Quincke. — *Semaine Médicale*, 30 avril 1902.

dation, qui entraîne la diapédèse des globules blancs, d'où phagocytose plus active ; les cellules conjonctives sont sollicitées à proliférer, les agents de défense s'accroissent, la stase sanguine et lymphatique diminue, les exsudats sont drainés par les vaisseaux.

L'action bactéricide semble donc, après tous ces arguments, être ramenée à des phénomènes d'oxydations, oxydations au sein du protoplasma microbien, suroxydations du milieu de culture. La lumière n'agit donc sur les bactéries que d'une façon indirecte.

Certains auteurs croient, en outre, à la formation d'acide formique aux dépens de l'économie par les rayons solaires, augmentant le rôle antiseptique de la lumière.

Mais Bié (1) objecte à tous ces arguments que l'eau oxygénée ne se forme que dans des milieux contenant des composés azotés, alors que l'effet bactéricide de la lumière se produit dans des milieux sans composés azotés comme l'eau distillée, et actuellement, après les expériences de J. Courmont et Nogier (2), de V. Henri et Mlle Cernovodeuan (3), qui ont montré que l'oxygène n'est pas nécessaire à l'action bactéricide de la lumière, on pense que l'action destructive vis-à-vis des microbes ou leurs produits solubles sous l'influence de la lumière, et en particulier des rayons ultra-violets, est bien le fait de l'action directe de ces radiations et non celui de produits oxydants, tels que l'ozone ou l'eau oxygénée, qui se développent quand on prolonge l'action pendant un certain temps.

On peut résumer ces considérations générales sur le pouvoir bactéricide de la lumière avec J. Courmont et Nogier (4), en disant que : « l'action bactéricide des rayons ultra-violets croît plus vite que le carré de la distance ; que l'action bactéricide est plus forte si l'émulsion est en couche moins

(1) Bié. — Lichttherapie. *Deutsche Aerzte-Ztg.*, 1912.

(2) J. Courmont et Nogier. — Pouvoir bactéricide des rayons ultra-violets. *Rev. Hyg. et Pol. san.*, 6 juin 1910.

(3) V. Henri et Mlle Cernovodeanu. — Comparaison des actions photochimiques et abiotiques. *C. R. Ac. d. Sc.*, 28 février 1910.

(4) J. Courmont et Nogier. — Application des rayons ultra-violets. *Monde Médical*, 15 septembre 1909.

épaisse ; que cette action se produit avec la même intensité à différentes températures ; qu'elle agit à peu près à la même vitesse en absence d'oxygène que dans l'air ; qu'elle n'a pas la même intensité pour les différents microbes ; que les rayons ultra-violets les plus bactéricides sont ceux qui ont une longueur d'onde au-dessous de 2800 A, mais que l'action des longueurs d'onde très courtes est toute en surface, nulle en profondeur. »

7° Action sur les toxines et les anticorps

A côté du rôle destructeur sur les bactéries elles-mêmes, la lumière possède aussi la propriété d'atténuer ou même de détruire les divers produits de sécrétion des bactéries : toxines, diastases, anticorps, et de ces propriétés pourraient naître des méthodes thérapeutiques.

Au début de l'étude de ces questions, des opinions contradictoires étaient émises à propos de l'action de la lumière sur les toxines.

C'est ainsi que Roux n'a trouvé aucune modification dans la composition et les propriétés de plusieurs toxines irradiées par la lumière solaire. Nogier et J. Courmont n'obtiennent que des résultats peu concluants en irradiant la *toxine dipthérique*. Par contre, Hertel (1) signale l'altération profonde de la toxine dipthérique irradiée par la lumière solaire.

De même, Piazza (2) voit la diminution des propriétés nocives des toxines dipthériques à la lumière solaire d'autant plus rapidement et profondément que la surface exposée est plus large ; il pense que cette atténuation est due à une action oxydante de la lumière.

Arloing (3) atténue le *virus charbonneux* à la lumière solaire à tel point que son activité peut être assez diminuée

---

(1) Hertel. — Uber lichtbiologische Fragen f. Augenheil k. XXVI 5, p. 393.

(2) Piazza. — Diminution de la virulence de la toxine diphtérique à la lumière. *Ann. d'Ig. Sperim*, 1895. IX.

(3) Arloing. — Influence de la lumière sur la végétation et les propriétés pathologiques du bacillus anthracis *C. A. Ac. d. Sc. Cl.* p 1511, 1885.

pour servir de vaccin. VAILLARD et VINCENT (1) prouvent que la *toxine tétanique* perd sa virulence après 7 jours d'exposition à la lumière diffuse, et V. HENRI et Mlle CERNOVODEANU (2) montrent qu'elle est rapidement détruite par les rayons ultra-violets, dont les radiations sont au-dessous de 3.021 A, et cela indépendamment de la température et de l'action de l'oxygène.

Les contradictions entre les auteurs tiennent à l'imperméabilité aux rayons des toxines concentrées, due à la coloration et à la présence de substances colloïdales absorbantes. Aussi l'efficacité des rayons augmente-t-elle avec la dilution et la transparence du milieu. BARONI et JONNESCO MIHANISTI (3) ont fait les mêmes constatations avec la *toxine dipthérique* et quelques toxines végétales. JOUSSET (4) montre que la *tuberculine* exposée aux rayons ultra-violets ne donne plus aucune réaction chez le cobaye tuberculeux ; une exposition de 5 heures est nécessaire ; la résistance qu'offre la tuberculine à ces radiations est supérieure à la résistance du coli-bacille et du bacille de Koch. L'irradiation n'atteint pas également toutes les propriétés spécifiques de la tuberculine ; bien que dépouillée de sa toxicité, elle conserve son pouvoir précipitogène.

De même que pour les bactéries, cette action atténuante de la lumière sur les toxines est directement liée à l'action directe des rayons chimiques et non pas à la production d'ozone ou d'eau oxygénée favorisant les oxydations, comme DUCLAUX et DIEUDONNÉ (5) l'avaient cru, s'appuyant sur ce que les toxines sont très facilement oxydables.

La lumière agit aussi sur le *sérum anti-venimeux* qui, irradié, est d'abord très atténué, puis se coagule. Le *venin*

---

(1) VAILLARD et VINCENT. — Influence de la lumière sur le bacille de la fièvre typhoïde. *Rev. d'Hyg.*, mars 1898.

(2) V. HENRI et Mlle CERNOVODEANU. — Action des rayons ultra-violets sur la toxine tétanique. *C. R. Ac d. Sc.*, 2 août 1909.

(3) BARONI et JONNESCO MIHANISTI. — Sur la destruction par les ultra-violets des principes actifs des sérums normaux et préparés. *C R. Soc. Biol.*, 5 mars 1910.

(4) JOUSSET. — Action de la lumière solaire et diffuse sur bacille de Koch dans les crachats. *Soc. de Biol.*, 27 octobre 1900.

(5) DIEUDONNÉ. — A quels rayons appartiennent les actions bactéricides de la lumière. *Arch. aus. dem Gesundheitsamt.*, IX, p. 412.

de cobra, bien que beaucoup plus stable que le sérum antivenimeux vis-à-vis de la chaleur, est, au contraire, très rapidement atténué par la chaleur.

Ces propriétés bactéricides et antitoxiques de la lumière peuvent être employées soit comme moyen de diagnostic, soit comme moyen de traitement.

Stassano et Lematte se servent de bacilles d'Eberth tués par irradiation pour le séro-diagnostic ; ces bacilles irradiés gardent d'une manière presque intacte la faculté d'agglutination et peuvent être préférés pour un examen clinique aux bacilles tués par le formol.

D'autre part, Maurice Renaud (1) a montré que les bactéries irradiées abandonnent à l'eau physiologique une quantité importante de produits toxiques, produits de sécrétion et d'antolyse de corps microbiens : si on lave ces bactéries à l'eau physiologique, elles sont résorbées après injection aux animaux à doses énormes sans créer de lésions inflammatoires. Les produits toxiques de ces bactéries acquièrent des propriétés spéciales par contact avec le sérum frais et l'injection méthodique des bactéries irradiées et de substances toxiques extraites, dosées par pesée, permet d'obtenir une excellente immunisation active avec les microbes les plus différents. Il montre que l'on peut aussi injecter directement à l'homme des bactéries irradiées, qui disparaissent des tissus avec une rapidité remarquable. Cette résorption crée un état d'intoxication qui conduit à l'immunisation avec apparition d'anticorps dans les humeurs. En raison de ces propriétés, les bactéries irradiées utilisées comme vaccins donnent des résultats très supérieurs à ceux des vaccins obtenus par action coagulante de la chaleur ou des produits chimiques (vaccins irradiés contre la fièvre typhoïde).

8° Action sur les protozoaires et les champignons

Les bactéries ne sont pas seules détruites par la lumière, mais les animaux et les végétaux inférieurs le sont aussi.

---

(1) Maurice Renaud. — Irradiations des bactéries et vaccins irradiés. *Acad des Sciences*, 28 juillet 1913.

Schmarda (1) prétend que la lumière intense a une action favorisante sur les *protozoaires* et Serrano-Fatigati (2) que la lumière violette est favorable à leur développement. Mais Pfeffer, Pringsheim (3), H. Salomon (4), ont prouvé, au contraire, que de même que pour les bactéries, la lumière concentrée a une action paralysante et souvent même mortelle pour les cellules des protozoaires. Bordier et Horand (5) ont tué rapidement, avec des rayons ultra-violets, des *amibes* et des *trypanosomes Lewisi*.

Les *champignons inférieurs* sont un peu plus résistants ; comme l'a montré L. Raybaud, la zone nocive pour les champignons n'est pas absolument superposable à la zone bactéricide, peut-être parce que les filaments mycéliens ont un diamètre plus grand que les bacilles. Plus les rayons ultra-violets ont une longueur d'onde faible, moins ils sont pénétrants et l'action reste superficielle. Au-dessous de 3.480 A, les rayons ne peuvent pas traverser le protoplasma du mycélium. Neuberg a montré que les champignons peuvent être tués par une lumière solaire intense. La coloration des champignons joue un rôle dans leur résistance à la lumière ; ainsi, Finsen et Bié, en se servant d'une lampe à arc, ont tués des espèces non pigmentées en 5 minutes, alors que les pigmentées n'étaient détruites qu'en 30 à 90 minutes.

La lumière intense possède donc un pouvoir nocif très marqué contre les bactéries, les protozoaires et les champignons ; atténué pour la lumière solaire, ce pouvoir est plus marqué pour la lumière artificielle, surtout si l'on remplace

---

(1) Schmarda. — Der Einfluss des Lichtes auf Infusorientierchen. *Oesterr. Jahrb.*, 1845.

(2) Serrano-Fatigati. — Influence des diverses couleurs sur le développement de la respiration des infusoires. *C. R. Acad. des Sciences*, LXXXIX, p. 959, 1879.

(3) Pringsheim. — Einfluss der Beleuchtung auf die heliotropische Stimmung. *Beitr. z. Biol. d. Pflanz.*, 1907, IX, p. 263-303.

(4) H. Salomon. — Licht in seiner Einwirkung auf die Stoffwechselvorgänge, p. 653, *in v. Noorden's Handbuch der Pathologie des Stoffwechsels*.

(5) Bordier et Horand. — Action des rayons ultra-violets sur les protozoaires. *Lyon Médical*, 27 mars et 1er mai 1910.

les verres des lampes électriques par du quartz. C'est de cette propriété que l'on se sert actuellement pour traiter les malades lupiques par la photothérapie, d'après la méthode de Finsen ; mais l'emploi le plus intéressant et appelé au plus grand avenir est la stérilisation des eaux et des liquides transparents, ne contenant pas de colloïdes ; cette méthode possède des qualités remarquables manquant aux autres procédés de stérilisation.

9° Conclusions

1° Les rayons solaires, s'ils ne sont pas trop intenses, peuvent favoriser le développement et l'activité vitale des bactéries.

2° Ils peuvent, dans certains cas, modifier leur mode d'existence, les transformer d'aérobies en anaérobies, ou leur enlever leur pouvoir chromogène.

3° A une certaine intensité, ils peuvent modifier les affinités tinctoriales des bactéries.

4° Mais les radiations solaires ont surtout une action nuisible sur les bactéries et les spores, provoquant, suivant leur intensité, l'arrêt de développement, la diminution de la virulence ou la destruction.

On peut obtenir la destruction de la plupart des microbes connus : bacille de Koch, bacille de Klebs-Lœffler, bacille d'Eberth, coli-bacille, staphylocoque, vibrion cholérique, etc. Cette action bactéricide est obtenue non seulement dans les cultures, mais aussi dans les tissus. La mort des microbes est due à la coagulation de leurs albumines.

5° Il est admis que ce sont surtout les rayons actiniques de la lumière qui possèdent le pouvoir bactéricide et surtout les rayons ultra-violets. Mais il est probable que les autres rayons possèdent aussi ce pouvoir, mais à un degré moindre.

6° Ces phénomènes bactéricides sont dus à l'action directe des rayons sur les bactéries et non, comme on le croyait, à des phénomènes d'oxydation : la lumière ne jouant dans ce cas qu'un rôle indirect.

7° Les rayons solaires atténuent et peuvent même détruire les toxines microbiennes ; cette action est due aux rayons eux-mêmes et non à des oxydations. Les anticorps ne sont pas atteints par l'exposition à la lumière qui détruit la toxicité.

8° Les rayons solaires peuvent avoir aussi une action nocive sur les protozoaires et sur les champignons inférieurs.

CHAPITRE III

ACTION DE LA LUMIÈRE SOLAIRE SUR LES VÉGÉTAUX

La lumière joue dans la vie des végétaux un rôle prédominant, puisqu'elle leur est nécessaire pour accomplir leurs plus importantes fonctions.

Le soleil est intimement uni à la physiologie végétale. Il peut produire des modifications de la morphologie de la plante ; il peut entraîner des phénomènes mécaniques, amenant des changements dans la direction de la plante, qui s'oriente pour profiter, au maximum, de la lumière ; il peut surtout engendrer des phénomènes chimiques qui jouent un rôle primordial dans le métabolisme nutritif et respiratoire de la plante ; enfin, tous les organes de la plante : graines, tiges, feuilles, fleurs, peuvent bénéficier des rayons solaires, mais c'est surtout la feuille qui est l'organe de transformation de l'énergie lumineuse, car c'est l'organe le plus facilement traversé et l'on sait que la lumière n'agit que sur les corps qu'elle pénètre.

1° Action sur la morphologie de la plante

Lorsqu'une plante verte se développe à l'abri de la lumière, dans une cave, par exemple, elle perd sa coloration verte, allonge considérablement les entre-nœuds de sa tige, réduit sensiblement les dimensions de ses feuilles, perd du poids, vit sur ses réserves nutritives, présente en un mot les caractères particuliers de l'étiolement.

Sachs, Kraus, Rauwenhoff et surtout Costantin ont

montré que les plantes étiolées présentent des modifications de leur structure interne : réduction du bois et, dans une certaine mesure, de tout l'appareil de soutien, persistance des plissements endodermiques.

Léon Dufour (1), dans des expériences très précises et très intéressantes. a montré que la plante développée à la lumière, est toujours plus volumineuse que la plante développée à l'ombre ; que les tiges sont plus fortes, les feuilles plus larges et plus épaisses, la floraison plus riche et plus hâtive.

L'éclairement direct a pour effet d'augmenter les stomates, d'accroître l'épaisseur totale des cellules épidermiques, la cutinisation de leur paroi externe, d'accroître le nombre et l'épaisseur des assises palissadiques, le nombre et le calibre des vaisseaux ligneux, le nombre et l'épaisseur des fibres et, d'une manière plus générale, des éléments de soutien. En somme, toutes conditions égales d'ailleurs, les tissus de la feuille sont d'autant plus différenciés que l'éclairement a été plus intense.

L'effet de la lumière sur la croissance de la plante est connu sous le nom de « photauxisme » ; il est retardateur, comme l'a montré Wiesner (2). C'est un rôle utile, car il assure la solidité de la plante, en donnant plus de résistance et de rigidité à son appareil de soutien par l'épaississement et la lignification des membranes et il fait une répartition égale des chloroleucites nécessaires à la vie.

G. Bonnier, dans une autre série d'expériences, soumet une plante à l'action d'une source électrique continue, dont les rayons abiotiques ont été arrêtés, la lumière électrique ayant les mêmes propriétés que la lumière solaire. Après quelques mois de culture, il constate que la lumière continue, sans interruptions, donne des feuilles plus larges, plus épaisses, d'un vert plus intense, mais dont les tissus présentent une différenciation beaucoup moindre que ceux des feuilles développées à la lumière solaire discontinue. Dans des expérien-

---

(1) L. Dufour. — Influence de la lumière sur la structure des feuilles. *Ann. Soc. Nat. de Bot.*, 1887.

(2) Wiesner. — Weitere Studien über den Lichtgenuss der Pflanze. *Sitzungsb, d. Wiener Akad. math. naturw. Kl. Abt.*, ICXX, 3, p. 119.

ces récentes, LOISEL conclut que sous l'influence des radiations rouges, les plantes croissent très rapidement, mais qu'une lumière trop vive arrête leur croissance.

La lumière a donc un effet direct sur la morphologie extérieure de la plante, mais, comme nous l'avons déjà indiqué, les tissus internes sont aussi modifiés. Ainsi, au bout d'un certain temps d'action de la lumière, le tissu assimilateur s'adapte aux diverses intensités lumineuses, formant des tissus en palissade si le soleil est intense, ou lacuneux si la lumière solaire est faible.

Pour H. SALOMON, c'est la formation de la chlorophylle à la lumière, alors qu'il ne s'en forme pas à l'obscurité, qui explique surtout le rôle que joue la lumière dans la croissance des plantes ; l'obscurité favorise bien, il est vrai, la croissance, mais celle-ci est anormale, car, de même que la formation de la chlorophylle, le durcissement du bois et la cutinisation de la cellule molle sont entravés.

Les radiations solaires arrivant à la plante ne sont pas complètement absorbées par les chloroleucites ou corpuscules porteurs de la chlorophylle ; une partie de ces radiations est absorbée par le protoplasma et le suc cellulaire, à qui elles fournissent d'abord la chaleur nécessaire à la plante, ensuite l'énergie mécanique qui doit modifier la forme ou la croissance de la plante.

2° L'héliotropisme

Les phénomènes mécaniques engendrés par la lumière dans le règne végétal se traduisent par l'héliotropisme et l'héliotactisme.

Une plante, qui expose à la lumière solaire une seule de ses faces, ne tarde pas à courber sa jeune tige de manière à la diriger vers la lumière ; ainsi, un éclairement unilatéral par la lumière diffuse a pour effet de fléchir la tige en voie de croissance pour gagner la lumière, c'est l'*héliotropisme positif*. D'autres organes, soumis à la même influence, s'infléchissent de manière à fuir la lumière ; ils manifestent un *héliotropisme négatif* ; c'est ce qui arrive pour les racines normalement aériennes, comme les racines adventices des lianes, des orchidées, les vrilles de la vigne vierge.

L'héliotropisme s'explique par la propriété que possède la lumière de retarder la croissance ; la face exposée à la lumière s'allonge moins que celle qui s'y trouve soustraite ; la première devient concave, la deuxième convexe ; l'héliotropisme positif tire donc son origine du photauxisme retardateur.

C'est la lumière solaire diffuse qui possède au maximum ce pouvoir retardateur ; au-dessus et au-dessous de cette valeur optima, l'action retardatrice est moins énergique : c'est pourquoi une lumière intense, comme la lumière solaire directe, concentrée à l'aide de lentilles, peut produire les mêmes effets que l'obscurité.

Les phénomènes de photauxisme et d'héliotropisme sont encore des phénomènes d'induction ; si l'on soumet une plante à un éclairement unilatéral pendant un temps trop court pour que la flexion se manifeste et qu'on l'expose ensuite, soit à l'obscurité, soit à un éclairement équilatéral, on voit bientôt la flexion se produire, bien que la cause qui l'a provoquée ait cessé d'agir : l'effet n'a pas suivi immédiatement la cause.

L'éclairement étant généralement plus intense sur une face de la plante que sur toutes les autres, a pour effet, comme nous l'avons vu, d'infléchir l'axe de la plante suivant la direction même des rayons incidents, de manière à limiter, dès qu'il a commencé à se produire, l'effet retardateur de la lumière : on assiste, dans ce cas, à une sorte de régulation naturelle de la radiation par la radiation. De plus, cette orientation du corps de la plante, sous l'influence de la lumière, a pour effet de placer les limbes des feuilles perpendiculairement aux rayons incidents et cette disposition favorise l'absorption par le chlorophylle des radiations nécessaires à l'assimilation du carbone.

Sachs (1) et Mangin (2) ont démontré que ces mouvements qui déforment la plante ont pour but de l'orienter de telle sorte qu'elle profite au maximum des radiations utiles ; il

(1) Sachs. — Phénomènes chimiques produits par la lumière sur les végétaux. *Flora*, 1862-63.

(2) Mangin. — Action des radiations sur les végétaux *In Phys. Biol. de d'Arsonval*, II, p. 312, 324.

y a une « sensibilité héliotropique » particulière de la plante qui possède une perception des excitations extérieures. Mais si les radiations solaires sont trop intenses, les feuilles se défendent en se plaçant parallèlement à la direction des rayons ; c'est ce qui se produit pour certaines plantes tropicales ; on désigne ce phénomène sous le nom de parhéliotropisme.

Certaines plantes ont des modifications structurales tellement rapides qu'elles peuvent suivre le soleil toute la journée ; c'est le cas de l'héliotropisme de l'hélianthe, mais alors interviennent aussi les phénomènes phototactiques dont nous allons parler.

On a pu se rendre compte de la nature des rayons du spectre qui agissent dans ces phénomènes d'héliotropisme et d'héliotactisme. Wiesner, Guillemin, Stahl, Van Tieghem ont montré que l'action commence à partir du vert et va en s'élevant jusque dans l'ultra-violet et s'étendant au-delà même des radiations impressionnant les sels d'argent, décelant ainsi dans l'ultra-violet des radiations se traduisant seulement par leur effet sur la croissance des plantes. De l'autre côté du vert, le jaune restant neutre, l'action va en s'élevant également du côté du rouge, mais très faiblement.

3° L'héliotactisme

Nous avons montré que l'héliotropisme n'atteint que les plantes en voie de croissance et ne se produit généralement qu'avec une extrême lenteur ; son origine s'oppose donc à ce qu'on puisse le comparer aux mouvements spontanés ou provoqués, dont le corps des animaux est le siège. Mais la radiation lumineuse peut poursuivre son action après que la croissance est achevée, quand l'organe est complètement développé ; il s'agit alors de l'héliotactisme, et les mouvements provoqués dans le corps des plantes peuvent se présenter sous deux formes différentes, suivant que le protoplasma est nu ou enveloppé d'une membrane de cellulose.

Les corps protoplasmiques nus éprouvent, sous l'action de la lumière solaire ou artificielle, des déplacements d'ensemble.

Si l'on dirige une lumière diffuse, d'une intensité moyenne, sur un récipient en verre contenant des cellules diatomées, des filaments d'oscillaires, des zoospores d'algues, des plasmodies de la fleur de tan, on voit ces corpuscules se déplacer dans l'eau, en suivant une marche compliquée, de manière à se placer dans la zone éclairée. Si l'on augmente artificiellement l'intensité de celle-ci, on voit s'arrêter les mouvements des corps protoplasmiques ; puis, le mouvement se manifeste en sens invers : les corps protoplasmiques fuient la lumière. Il faut en conclure que les corps protoplasmiques libres réagissent par des déplacements contre la lumière qu'ils reçoivent ; suivant l'intensité de la lumière, ils sont attirés ou repoussés par elle ; il existe une valeur optima de cette intensité pour laquelle l'attraction passe par une valeur maxima. Cette propriété de protoplasma s'appelle l'héliotactisme, étudiée par STAHL, FRANCK et VAN TIEGHEM.

Les végétaux monocellulaires peuvent s'orienter, sous l'influence de la lumière, de façon à la recevoir dans un certain sens ; certaines algues, les « clostériées », mises dans dans un vase de cristal, se placent de manière à faire coincider leur axe avec la direction de la lumière incidente ; si on fait varier l'incidence des rayons, les algues pivotent pour se placer dans l'axe du nouveau rayon lumineux.

Quand le corps protoplasmique fait partie d'un organisme plus volumineux et plus complexe, quand il est renfermé, par exemple, dans une membrane de cellulose, l'héliotactisme se manifeste simplement par des mouvements ou des déformations internes de la masse protoplasmique.

Considérons, par exemple, une algue filamenteuse du genre mesocarpus, dans un filament de laquelle chaque cellule contient un corps chlorophyllien unique et volumineux en forme de lame, passant par l'axe de la cellule. Exposée à la lumière diffuse, on voit, dans chaque cellule, le corps chlorophyllien se déplacer jusqu'à ce qu'il se présente de face au rayon lumineux : il prend alors la position de face. Si l'on expose, pendant un certain temps, le filament à une lumière très forte, on voit le corps chlorophyllien pivoter sur lui-même et se présenter de profit aux rayons lumineux ; c'est la position de profil (Oltmann (1). Ce n'est pas le corps chlorophllien qui s'est déplacé de lui-même pour prendre ces positions successives, c'est la protoplasma au sein duquel il est plongé, qui a réagi contre la lumière et l'a entraîné avec lui. Il existe donc un optimum d'intensité lumineuse, pour lequel le protoplasma donne aux corps chlorophylliens la position de face ; si l'intensité de la source lumineuse vient à s'élever au-dessus de cette valeur optima, le protoplasma donne aux corps chlorophylliens la position de profil.

Si l'on fait tomber un rayon lumineux sur une des faces d'une feuille ayant une ou deux assises de cellules, si l'intensité de la lumière est faible, les corps chlorophylliens, inclus dans le protoplasma pariétal, sont entraînés par lui au voisinage des deux faces opposées de la feuille : c'est la position de face. Si l'intensité de la lumière devient très forte, le protoplasma se déplace à l'intérieur des cellules et entraînant avec lui les corps chlorophylliens, il les masse contre les cloisons de séparation des cellules, qui sont perpendiculaires à la surface de la feuille. C'est la position de profil.

Dans les feuilles d'organisation plus complexe, formées d'un grand nombre d'assises cellulaires, les mêmes phénomènes se produisent. Pendant le jour, les feuilles reçoivent, en général, une lumière d'intensité moyenne perpendiculairement à la surface de leur limbe et leurs corps chlorophylliens prennent la position de face, qu'on peut appeler position diurne, alors que, vers le soir, l'éclairement devenant oblique, les corps chlorophylliens prennent la position de profil (Prillieux).

L'héliotropisme a donc pour but d'amener l'organisme à une position ou à un état interne qui réalise les conditions les plus favorables à sa vie. Ce sont les radiations solaires qui règlent donc tous les mouvements de la plante.

4° Mouvements nyctitropiques

Les mouvements provoqués par la lumière solaire ne se bornent pas toujours à des déplacements de corps microsco-

(1) Oltmann. — Uber die photemetrische Bewegung der Pflanzen. *Flora* 1892.

piques ou à des changements de distribution du protoplasma à l'intérieur des cellules. Certains organes volumineux exécutent, sous l'influence des radiations solaires, des mouvements d'ensemble visibles à l'œil nu ; c'est ce qui se passe pour les mouvements nyctitropiques que l'on constate chez nombre de légumineuses et, au maximum, chez les sensitives ; les feuilles, largement ouvertes au soleil, se referment à l'obscurité ou la nuit.

Ce mouvement, qui permet à la plante de se protéger contre le refroidissement nocturne, en diminuant la surface foliaire par laquelle la plante rayonne et perd de la chaleur, est provoqué par la turgescence d'un renflement situé à la base de la pétiole de la feuille, turgescence liée à la rétention, dans le renflement, d'eau, tenant en dissolution une quantité considérable de sucre, c'est-à-dire le suc de la plante. Cette turgescence est provoquée par l'arrêt de toute l'eau qui se rendait à la feuille pour s'y vaporiser et se répandre dans l'atmosphère, car la suppression brusque de la lumière amène un arrêt soudain de la chloro-vaporisation. En outre, c'est dans la journée, sous l'influence de la lumière, favorable à l'assimilation chlorophyllienne, que s'élabore la matière sucrée, et l'on comprend que celle-ci se soit accumulée en grande quantité, vers la fin du jour, dans le renflement moteur. Douée d'un pouvoir osmotique considérable, la matière sucrée attire et retient facilement l'eau, contribuant ainsi à augmenter la turgescence de ce renflement moteur.

Tous ces mouvements héliotactiques et nyctitropiques sont entièrement sous la dépendance des rayons chimiques. Soumises à des radiations rouges, les plantes prennent vite la position du sommeil ; au contraire, soumises à des rayons violets et ultra-violets, la position de veille persiste. Pourtant, si la plante endormie est soumise à des radiations rouges, elle se réveille ; ce fait est intéressant à constater, car, le matin et le soir, au lever et au coucher du soleil, les rayons rouges et jaunes prédominent.

5° Action sur la respiration

On voit quelle est l'importance du rôle du soleil dans les phénomènes mécaniques des végétaux ; aussi intéressant est son rôle dans les échanges des plantes et dans tous les phénomènes chimiques dont elles sont le siège.

En particulier, la respiration est, en grande partie, sous l'influence des radiations solaires. Nous allons résumer, en quelques mots, les caractères principaux de la respiration des plantes.

C'est Garreau le premier, qui prouve qu'en présence de de l'oxygène, avec ou sans lumière solaire, le protoplasma vivant respire. La respiration consiste, d'après Bonnier et Mangin (1), en une chaîne complexe de réactions, dont les termes extrêmes sont une absorption d'oxygène et une élimination d'acide carbonique. Ces deux phénomènes se règlent à chaque instant l'un sur l'autre, de telle sorte que, dans un organe donné, à un instant donné, il y ait un rapport constant et indépendant des conditions extérieures entre le volume d'acide carbonique émis et le volume d'oxygène absorbé.

Toutes conditions égales d'ailleurs, une plante respire moins activement à la lumière qu'à l'obscurité ; la lumière, en un mot, diminue la respiration.

Bonnier et Mangin (2) ont estimé à une valeur comprise entre $\frac{2}{3}$ et $\frac{19}{20}$ le pouvoir retardateur de la lumière sur la respiration.

6° L'Assimilation chlorophyllienne

A côté de la respiration existe une autre fonction capitale de la plante verte, c'est l'assimilation chlorophyllienne qui a besoin de la lumière solaire pour s'accomplir. C'est Priestlex qui l'a découverte, en montrant qu'une plante verte, au soleil, absorbe de l'acide carbonique et dégage de l'oxygène, les parties vertes de la plante exposées à la lumière ayant la propriété d'absorber de l'acide carbonique, de le décomposer

(1) Bonnier et Mangin. — Respiration des plantes à la lumière. *Ann. de Soc. Nat. de Bot.*, 17, 18, 19, 1884.

(2) Bonnier et Mangin. — Action chlorophyllienne dans l'obscurité ultra-violette. *C. R. Ac. d. Sc.*, 1886. — Respiration des plantes à la lumière. *Ann. d. Sc. Nat.*, V, t. 17, 18, 19, 1884.

en ses deux éléments, carbone et oxygène, d'expulser l'oxygène et de garder le carbone qu'elles assimilent pour en former leur propre substance.

Cette réaction de décomposition est une réaction endothermique, qui absorbe une certaine quantité de chaleur et qui exige pour se produire le concours d'une énergie extérieure, énergie fournie par l'absorption des radiations lumineuses par les chloroleucites ou par les autres substances colorées, analogues à la chlorophylle.

La première condition que doit réaliser une plante pour assimiler le carbone, est d'être verte, c'est-à-dire de renfermer une matière colorante, la chlorophylle. Celle-ci est contenue dans le protoplasma cellulaire, non pas à l'état diffus, mais fixée sur des corpuscules plus ou moins nombreux, que l'on appelle les corps chlorophylliens ou chloroleucite. Ceux-ci peuvent aussi renfermer un autre pigment, fixé sur leur substratum, c'est la xanthophylle ou protophylle ou chlorophylle réduite, pigment de la plante étiolée, qui se développe à l'obscurité et reste incolore ou légèrement jaune à la lumière.

Si l'on soustrait à l'obscurité une plante étiolée, avant que l'étiolement ne l'ait tuée, et qu'on l'expose en pleine lumière, cette plante ne tarde pas à verdir ; la protophylle se transforme en chlorophylle et, par cette transformation, emmaganise la force vive des rayons lumineux. alors que les plantes étiolées, mises au soleil, ne verdissent qu'au bout de plusieurs jours. Stocklasa (1) a montré que, soumises aux rayons ultra-violets, elles verdissent en 2 heures.

La chlorophylle n'apparaît, en effet, qu'à partir du moment où la plante est exposée aux radiations lumineuses, même artificielles. Les autres pigments des plantes, l'erythrophylle de Bourgarel, la cyanophylle, ont aussi besoin de la lumière pour se produire. Parmi les propriétés que possède la chlorophylle, les plus essentielles sont ses propriétés spectroscopiques. Si l'on examine le spectre d'une solution alcoolique de chlorophylle ou d'un rayon solaire ayant traversé une

---

(1) Stocklasa. — Uber den Einfluss der ultra-violetten Strahlen auf die Vegetation. Sitzungsb der Wiener Akad. math. nat. W. I. CXX 3, p. 195.

feuille verte, on voit que les bandes d'absorption correspondant aux radiations arrêtées par la chlorophylle sont réparties en deux groupes : dans la partie rouge du spectre, entre le rouge et le vert, quatre bandes étroites et foncées, dont l'une plus marquée que les autres, occupe l'espace compris entre les raies B et C du spectre et s'étend un peu après cette dernière ; dans la partie bleue et violette, trois larges bandes beaucoup moins foncées, la plus importante très rapprochée de l'extrémité violette. La partie moyenne du spectre ne contient aucune bande d'absorption. Enfin, il y a une légère bande d'absorption dans l'ultra-violet (Dhéré et Rougowski). En couche mince, ce qui est le cas des feuilles vivantes, la chlorophylle absorbe toujours très fortement les radiations bleues et violettes alors qu'elle absorbe plus faiblement les radiations rouges et orangées (Nogier).

Si la présence de la chlorophylle est une condition nécessaire à l'assimilation du carbone, l'action de la lumière ne lui est pas moins indispensable.

En effet, une plante verte placée à l'obscurité cesse d'assimiler le carbone et reste uniquement le siège de phénomènes respiratoires. Ce sont les radiations lumineuses, absorbées par la chlorophylle, qui fournissent à la plante l'énergie et la quantiré de chaleur nécessaires à la décomposition de l'acide carbonique ; il y a là un phénomène tout à fait particulier dans la physiologie ; car, alors que toutes les réactions provoquées par la lumière sont toujours exothermiques, la lumière ne jouant qu'un rôle d'excitant, comme l'a bien montré Berthelot, l'assimilation chlorophyllienne est la seule réaction endothermique produite par la lumière.

Le rôle capital de l'absorption des radiations lumineuses par la chlorophylle est prouvée par les expériences classiques du spectre (Timiriazeff), des bactéries (Engelmann) et des écrans absorbants. On peut conclure de ces expériences, que l'intensité de l'assimilation chlorophyllienne présente un maximum correspondant aux radiations que la chlorophylle absorbe le plus fortement, dans la partie la moins réfrangible du spectre, dans le rouge et le jaune, et qu'un second maximum, beaucoup moins intense, se trouve dans le violet. Ce sont les conclusions de Gardner, Drapper,

DAUBERG, GUILLEMIN, P. BERT et RÉGNARD, TIMIRIAZEFF. ENGELMANN (1) prouve que la chlorophylle est la transformation à la fois de l'énergie calorifique et de l'énergie chimique de la lumière. Depuis les travaux récents de BONNIER et MANGIN, de THEODORESCO et GRIFFON (2), on tend à admettre que les rayons actiniques sont les plus actifs à produire la fonction chlorophyllienne. Ils concluent que l'énergie assimilatrice concorde, comme tout permettait de le penser, avec la richesse en chlorophylle et l'intensité de la coloration verte, toutes conditions qui sont réalisées au maximum par l'effet de la lumière bleue.

La chlorophylle est tellement nécessaire qu'elle est peu exigeante, la moindre lumière, une demi-clarté lui suffit au moins partiellement. Mais le développement et l'intensité de la chlorophylle vont croissant avec l'intensité lumineuse jusqu'à un degré maximum au-delà duquel il y a ralentissement dans la vie et les effets du pigment, et si l'on continue, il meurt ; c'est un admirable mécanisme par lequel la plante se protège contre les radiations trop intenses. Si l'on expose à une lumière intense une solution alcoolique de chlorophylle, elle jaunit, noircit et on peut observer au spectroscope les raies d'absorption de l'urobiline (MAQUENNE, BIERRY et LARGUIER DES BANCELS).

Connaissant l'influence qu'exerce la nature de la radiation sur l'assimilation, on peut aussi se demander, si son intensité est sans effet à cet égard.

Il est facile de constater qu'une plante, faiblement éclairée, assimile mal ; si l'intensité de l'éclairement augmente, l'assimilation devient plus forte.

Mais, si l'on porte artificiellement cette intensité au-dessus de la valeur qui correspond à l'insolation directe, on voit diminuer progressivement l'assimilation. Il y a donc, pour cette fonction, un optimum d'éclairement. En général, l'optimum est voisin de la valeur qui correspond à l'insolation directe ; c'est ce qu'on a vérifié, en particulier, pour diverses espèces de grande culture. D'autres plantes préfé-

(1) ENGELMANN. — Botanische Ztg., 1881-1882.

(2) THEODORESCO et GRIFFON. — *Ann. Soc. Nat. de Botanique*, X, p. 141.

rent, au contraire, un éclairement moins intense : c'est ainsi que les mousses assimilent plus fortement le carbone à l'ombre qu'en plein soleil.

La valeur de la pression de l'acide carbonique dans l'atmosphère ambiante n'est pas sans exercer une certaine action sur l'assimilation chlorophyllienne. On a reconnu que l'assimilation est maxima quand la proportion d'acide carbonique dans l'air est comprise entre 5 et 10 %.

L'assimilation chlorophyllienne varie aussi, suivant la nature de la plante, la température et surtout avec la réfrangibilité des radiations et leur intensité. Quand on éclaire une plante verte avec une lumière qui a traversé une solution de chlorophylle, cette plante ne manifeste à aucun degré le phénomène de l'assimilation chlorophyllienne ; — les radiations nécessaires à l'exercice de cette fonction sont alors arrêtées par la solution de chlorophylle.

De tout cela, on peut conclure que ce sont bien les radiations absorbées par la chlorophylle qui fournissent à la plante la chaleur nécessaire à la décomposition de l'acide carbonique et à la fixation du carbone : la chlorophylle joue, en quelque sorte, le rôle d'un écran qui arrête au passage les radiations susceptibles de fournir au protoplasma des cellules l'énergie nécessaire à une réaction fondamentale pour la vie des plantes.

La lumière solaire est donc la raison même de la fonction chlorophyllienne et de la fixation du carbone, et cela explique pourquoi l'action de la lumière est nécessaire à la vie des plantes. A l'obscurité, elles se décolorent, languissent et ne tardent pas à mourir. La chaleur, l'air, l'humidité ne peuvent prolonger leur existence ; il leur faut le soleil.

7° Action sur l'assimilation de l'amidon

La lumière joue un rôle important dans l'assimilation de l'amidon et des matières azotées par les plantes.

Dans les chloroleucites, il y a de nombreux grains d'amidon, dont le nombre augmente beaucoup à la lumière et diminue à l'obscurité, pour descendre jusqu'à o.

Ce phénomène est étroitement lié, comme l'a montré

Stahl (1), à la fonction chlorophyllienne. D'après la théorie actuellement admise, on pense que l'acide carbonique est dissocié partiellement ou totalement sous l'influence de l'énergie fournie par les radiations :

$$CO^2 = CO + O \quad \text{ou} \quad CO^2 = C + 2O$$

et que la dissociation de l'acide carbonique, totale ou partielle, donne de l'aldéhyde formique CH^2O (accompagné d'une dissociation d'eau), corps toxique, n'existant qu'un instant et donnant ultérieurement, par un phénomène de polymérisation, du glucose, puis par déshydration, de l'amidon qui est mis en réserve dans les corps chlorophylliens (expériences de Bokany).

La plante assimile donc le carbone grâce à la lumière et le met en réserve, d'où création de toutes pièces, aux dépens des éléments gazeux de l'atmosphère, d'hydrates de carbone servant plus tard à l'alimentation des animaux. Les végétaux sont donc des transformateurs d'énergie.

8° Action sur l'assimilation azotée

Le rôle de la lumière solaire dans l'assimilation azotée est beaucoup moins connue. On pense cependant que les rayons chimiques de la lumière jouent un rôle prépondérant dans la synthèse des matières azotées dans les parties vertes des plantes, à l'aide des nitrates, puisés dans le sol (Sachs, Laurent, Marchal et Carpiaux). Les expériences remarquables du général Pleasanton (2) sur les cultures étonnantes de la vigne, dans les serres à verres violets, montrent le rôle particulièrement puissant de la lumière chimique du soleil sur l'assimilation azotée de la plante.

On peut, avec Fouillit (3), résumer ainsi les phénomènes chimiques des plantes vertes, engendrées par les rayons biotiques du soleil :

1° Synthèse (aux dépens de la vapeur d'eau, de l'acide

(1) Stahl — Ueber den Einfluss des Lichtes auf die Bewegungserscheinungen der Schwammsporen. *Verhand-der phys. med. Gesellch. Würzburg*, 1878.

(2) Général Pleasanton. — The influence of the blue rays of the sunlight. — *Philadelphie*, 1877.

(3) Fouillit. — L'ultra-violet. — *Thèse, Lyon*, 1910-11.

carbonique, de l'ammoniaque), des composés méthylés, tels que formaldéhyde, amide formique, acide formique.

2° Condensations immédiates des produits formés.

3° Décomposition ultérieure des corps condensés par fermentations, processus photo-chimiques ou autres semblables.

Les plantes trouvent les trois termes nécessaires à ces processus synthétiques, l'acide carbonique dans l'atmosphère, l'eau et les sels ammoniacaux dans le sol.

9° Action sur la transpiration

La lumière solaire agit encore sur d'autres fonctions de la plante. Elle influence tout particulièrement la transpiration.

Une plante transpire plus activement au soleil qu'à l'obscurité. La transpiration se distingue de l'évaporation en ce que la transpiration est directement soumise à la radiation lumineuse, alors que l'évaporation n'en subit aucune influence. Au cours de la journée, la transpiration varie d'une façon notable : ce phénomène presque nul vers 6 heures du matin, augmente rapidement dans la matinée et atteint son maximum vers 3 heures de l'après-midi, puis cette intensité décroît plus rapidement encore qu'elle n'avait crû, pour rester à peu près nulle pendant toute la nuit. L'influence de la lumière apparaît nettement dans ces variations : cette influence, bien que s'exerçant aussi sur les plantes privées de chlorophylle, est beaucoup plus marquée sur les plantes vertes. Le rôle important de la chlorophylle dans la transpiration est prouvé par une série d'expériences.

Si l'on cherche à déterminer quelle influence exerce chaque radiation élémentaire sur la transpiration des plantes vertes, on constate, ainsi que l'a fait Wiesner (1), que cette influence dépend essentiellement de la réfrangibilité de la radiation ; la transpiration des plantes vertes présente deux maxima : l'un correspond à la région rouge du spectre, région où se trouvent comprises les premières bandes d'absorption de la

---

(1) Wiesner. — Die héliotropischen Erscheinungen im Pflanzenreiche. *Denkschrift der K. Acad. d. Wissenchäft. z. Wien.* I 1872. II 1880.

chlorophylle, l'autre à la région bleue qui contient les dernières bandes.

Van Tieghem a émis l'hypothèse que les parties vertes des plantes, chargées de chlorophylle, seraient le siège d'une transpiration surnuméraire : elle viendrait s'ajouter à la transpiration normale dont jouissent au même degré que les plantes vertes, celles qui sont dépourvues de chlorophylle.

Dans cette hypothèse qui a été vérifiée depuis, la chlorophylle aurait deux fonctions distinctes : elle utiliserait une partie de la chaleur, résultant de l'absorption de certaines radiations, pour la décomposition de l'acide carbonique et la fixation du carbone ; le reste serait employé à une transpiration spéciale, appelée, par Van Tieghem, la chlorovaporisation.

Ayant ainsi passé en revue tous les actes principaux de la vie végétale où la lumière solaire intervient, on se rend compte qu'à côté de l'intervention des rayons chimiques admise depuis longtemps, les rayons rouges et orangés jouent un rôle important, en favorisant l'assimilation, la transpiration, la respiration, ce qui accroît l'activité vitale et facilite les fonctions de nutrition (Dehérain, Wiesner, Engelmann).

10° Action des rayons ultra-violets

A côté des rayons biotiques, à longueur d'onde supérieure à 3.000 A, qui constituent le plus puissant facteur de la vie végétale et qui sont captés par la fonction chlorophyllienne, utilisant leur énergie photo-chimique pour opérer la synthèse des diverses substances constituantes de la plante, il y a les rayons abiotiques qui sont nuisibles pour la plante.

Peu abondants dans la lumière solaire, ces rayons ultra-violets le sont, au contraire, dans la lumière artificielle ; ils déterminent la mort des cellules végétales dans un espace de temps court et comparable à celui qui exige la stérilisation des milieux contaminés ; mais l'action est surtout en surface, car ces rayons sont peu pénétrants. C'est aussi à l'abondance des rayons ultra-violets que sont dus le noircissement et les changements de pigmentation des feuilles exposées à la lumière à arc ; ces phénomènes sont la conséquence de la mort du protoplasma et non dus à l'insolation électrique agissant sur la chlorophylle ; ils commencent à se produire 48 heures après l'irradiation (MAQUENNE et DEMOUSSY, NOGIER).

Alors que les cellules sont tuées, les ferments qu'elles renferment survivent ; c'est la raison pour laquelle les plantes à coumarine, irradiées, dégagent leur odeur caractéristique, à mesure que les cellules se déshydratent ou sous l'influence d'un agent artificiel provoquant la plasmolyse ; au microscope, on voit le protoplasma se détacher des membranes et ce phénomène se poursuit même quand l'irradiation a cessé (POUGNET).

En résumé, les rayons ultra-violets sont avant tout des désorganisateurs du protoplasma, des destructeurs de la cellule et de la chlorophylle.

11° Action sur les graines

La lumière semble n'avoir aucune influence sur la germination : celle-ci se produit aussi vite et aussi bien à la lumière qu'à l'obscurité.

Les rayons abiotiques eux-mêmes ne semblent pas atteindre la vitalité des graines ; cela tient, d'après L. RAYBAUD, au mode de vie spéciale des graines et à l'épaisseur relative de leurs téguments. Mais aussitôt que la plante nouvelle, issue de la graine, s'est fait jour au dehors, que la chlorophylle s'est formée, on voit se manifester, sur sa respiration et sa croissance, l'action retardatrice de la lumière. Ainsi s'explique l'erreur de certains observateurs qui ont cru reconnaître à la lumière une action retardatrice sur la germination elle-même.

En résumé, on peut dire avec NOGIER « que le végétal réalise depuis l'origine du monde le rêve qui hante l'esprit de tant de chercheurs : la captation directe et la mise en réserve de l'énergie rayonnée par le soleil. »

12° Conclusions

1° La vie végétale est sous l'étroite dépendance du soleil. La plante adulte, privée de lumière, s'étiole et végète ; mais, au soleil, elle se développe, s'accroît, verdit. Son aspect extérieur s'est modifié sous cette influence.

2° A la lumière solaire, une plante, en voie de croissance, grandit moins vite qu'à l'obscurité. Cette action retardatrice ou photauxisme permet à l'appareil de soutien d'augmenter sa résistance et sa rigidité. La plante devient ainsi plus forte. C'est surtout la lumière diffuse qui produit au maximum cette action ; le soleil trop intense joue le même rôle que l'obscurité.

3° La plante en voie de croissance tend à gagner la lumière, si une seule de ses faces est éclairée ; on dit qu'elle a un héliotropisme positif. Ce phénomène doit être rapporté à une action de photauxisme, la face éclairée croissant moins vite que la face obscure. C'est encore la lumière diffuse qui agit le plus, ce sont, en particulier, les rayons chimiques. L'héliotropisme se produit lentement.

4° Sur les plantes adultes, la lumière peut produire une action mécanique. Si la plante est monocellulaire et à protoplasma nu, il y a déplacement vers la lumière, il y a heliotactisme positif ; si la lumière devient trop intense, la plante la fuit.

Si la plante est supérieure, pluricellulaire, il ne peut plus y avoir de mouvements d'ensemble, mais il y a des modifications protoplasmiques : les corps chlorophylliens se déplacent dans les cellules pour prendre la position la plus favorable afin de profiter des rayons solaires. Ces mouvements sont sous la dépendance des rayons chimiques.

6° Les feuilles peuvent présenter des mouvements en rapport avec la lumière. Dans certaines plantes, les feuilles se ferment la nuit, pour s'ouvrir le jour ; ces mouvements nyctitropiques ont pour rôle de diminuer l'évaporation nocturne et la perte de chaleur.

7° La plante respire moins activement à l'obscurité qu'à la lumière.

8° Le rôle le plus important de la lumière dans la vie végétale, est la fonction chlorophyllienne qui est directement dépendante du soleil.

Dans les feuilles, se trouve une substance, la chlorophylle, qui absorbe en partie les rayons calorifiques, en partie les rayons chimiques. Cette chlorophylle se sert, de ces radiations transformées, comme énergie pour décomposer l'acide carbonique et fixer le carbone. C'est une réaction fondamentale pour la vie végétale.

9° Le carbone fixé est transformé en amidon, grâce à une série d'opérations diastasiques, sous la dépendance de la lumière solaire, et va s'accumuler pour former des réserves, Les hydrates de carbone que contient la plante sont donc fonction du soleil.

10° L'assimilation azotée de la plante serait aussi sous la dépendance du soleil : les grains de chlorophylle transformant les nitrates puisés dans le sol ; mais ces faits ne sont pas encore bien établis.

11° La transpiration est influencée très fortement par les radiations rouges du soleil.

12° La lumière n'influence pas les graines. Mais si, lors de la germination, la lumière est trop intense, elle peut nuire à la jeune pousse.

13° Les rayons ultra-violets abiotiques désorganisent le protoplasma, détruisent la cellule et la chlorophylle, mais ne tuent pas les diastases.

CHAPITRE IV

ACTION DE LA LUMIÈRE SOLAIRE SUR LES ANIMAUX

Si l'action de la lumière sur les végétaux a été l'objet d'études précises et approfondies, qui ont permis de connaître son mode d'action et les modifications qu'elle engendre, beaucoup moins connue est l'action de la lumière solaire sur les animaux et sur l'homme. « Ceci s'explique, comme le dit Nogier, parce que le végétal est un transformateur statique, immobile, dont l'existence est étroitement dépendante du milieu où il vit, tandis que l'animal, aussi transformateur d'énergie, est mobile et son existence autonome n'est plus étroitement liée à celle du milieu ambiant ».

Si l'on commence à connaître les résultats et les modifications terminales apportées par l'action du soleil sur les êtres vivants, les processus intimes qui ont amené ces phénomènes ne sont qu'entrevus. L'expérimentation est difficile à conduire, les modifications physiologiques dues à la lumière étant difficilement séparées de celles provoquées par tous les agents atmosphériques ; en outre, il faut tenir compte de ce que les téguments et les organes dessens forment les intermédiaires obligatoires entre les radiations solaires et les réactions viscérales et que dans l'organisme, le système nerveux, qui cherche à coordonner tous les phénomènes, tend à rétablir l'équilibre troublé par un agent extérieur.

Le besoin du soleil existe aussi chez l'animal à un degré infiniment moindre que chez le végétal.

Il est difficile d'étudier séparément les manifestations de

l'action solaire chez les animaux et chez l'homme, car elles sont dues aux mêmes causes et se traduisent par les mêmes symptômes. Aussi, allons-nous séparer arbitrairement, en deux Chapitres, l'étude des phénomènes biologiques provoqués par la lumière chez les animaux et les hommes. Dans le *premier Chapitre*, nous étudierons spécialement les phénomènes propres aux animaux et ceux qui ont été constatés grâce à une expérimentation animale et, dans le *second Chapitre*, ce qui, au contraire, est propre à l'homme et a été observé grâce à l'héliothérapie.

1° Action sur les cellules

L'action de la lumière sur les cellules a été étudiée au point de vue histologique et au point de vue chimique : l'expérimentation a été surtout pratiquée avec la lumière artificielle, les rayons chimiques provoquant à eux seuls la plupart des phénomènes.

Hertel (1) montre que la lumière agit sur les cellules lorsqu'elles absorbent les rayons, et cette absorption est très grande pour les rayons ultra-violets, surtout compris entre 2.000 et 2.260 A.

L'action irritative produit d'abord une excitation cellulaire, puis une paralysie, et cela ne tient pas, pour cet auteur, aux modifications de l'oxydation des tissus, comme l'admettent de nombreux expérimentateurs, mais à l'irritation de la partie constituante liquide de la cellule, se traduisant par une élévation mesurable de la température.

Les rayons spectraux sont absorbés dans les cellules par deux groupes de molécules : les molécules chimiques labiles avec maximum d'absorption pour la partie ultra-violette du spectre, puis, les molécules chimiques stables avec maximum d'absorption pour la région de rayons de grandes longueurs d'onde ; suivant que l'excitation prévaut sur l'un ou l'autre groupe, la réaction sera différente.

La lumière concentrée détruit assez facilement les cellules

---

(1) Hertel. — Uber lichtbiologische Fragen. *Zeitschr. f. Augenheilk*, XXVI, 5, p. 393.

des tumeurs malignes de la souris (JENSEN) (1), alors que les cellules de la peau humaine ont un pouvoir de résistance tel, que dans la Finsenthérapie, la nécrose est difficile à obtenir.

L'étude des *échanges gazeux* sur les cellules animales isolées est soumise à de grosses difficultés techniques, qui ont rendu délicates les recherches sur cette partie de l'histochimie.

QUINCKE (2) a pu prouver, pourtant, que l'oxydation est augmentée par la lumière dans les cellules animales ; pour cela, il mélange du pus et du sang avec une suspension aqueuse de sous-nitrate de bismuth. Les bandes de l'hémoglobine disparaissent plus vite, le bismuth devient noir plus rapidement à la lumière qu'à l'obscurité.

MOLESCHOTT et FUBINI (3) démontrent que le tissu musculaire vivant et le tissu nerveux (cerveau et moelle épinière) ont des échanges respiratoires plus rapides et plus complets à la lumière qu'à l'obscurité. La différence est très sensible : 141-100 pour le muscle d'un chien, 149-100 pour le cerveau d'un chien.

Quant aux recherches de LOEB (4) sur les tissus morts, elles s'expliquent par des phénomènes de décomposition : 100 gr. de cerveau de cobaye donnent 0 gr. 527 d'acide carbonique à la lumière et 0 gr. 387 à l'obscurité en 24 heures.

Des recherches de TISSOT (5) et FLETCHER (6), il ressort qu'il n'y a pas qu'une source d'acide carbonique dans le muscle survivant ; on peut concevoir, soit l'action directe des radiations sur le protoplasma cellulaire par la transformation de son énergie potentielle chimique, soit l'action indirecte d'un catalyseur.

Les radiations violettes peuvent aussi provoquer certains

---

(1) JENSEN. — *Wiener Med. Wochensch.*, 1903, n° 48 et 49.

(2) QUINCKE (de Kiel). — *Semaine Médicale*, 30 avril 1902.

(3) MOLESCHOTT et FUBINI. — Uber den Einfluss des gemischten u. farbigen Lichtes auf die Ausscheidung der Kohlensäure bei Tieren. *Untersuchung zur Nahrung v. Moleschott*, 1881, XII, p. 26.

(4) LOEB. — Einfluss des Lichtes. *Pfluger's Archiv.* XLII, p. 393, 1888.

(5) TISSOT. — Etude des phénomènes de survie des muscles après la mort. *Thèse de Paris*, 1895.

(6) FLETCHER. — The respiratory survival of muscle. *The Journ. of physiol.*, XXIII, p. 10, 1889.

mouvements cellulaires ; c'est ainsi qu'Uskow a montré que les cellules à cils vibratils de l'œsophage de la grenouille, sont animées de mouvements, lorsqu'on les irradie.

2° Action sur les sécrétions cellulaires et viscérales

Les sécrétions cellulaires et viscérales sont modifiées à la lumière solaire comme l'ont été les toxines microbiennes.

Ce sont surtout les rayons abiotiques qui atteignent les produits actifs des cellules (toxines ou diastases) pourvu que ces produits se trouvent dans un milieu perméable à ces radiations. Les *diastases végétales et animales* sont fortement atteintes par l'action des radiations ultra-violettes au-dessous de 3.022 A. et les rayons solaires exercent une action altérante, d'après Hertel, sur l'action de la sucrase, des catalases, de la pepsine, de l'émulsine, de la présure, de la laccase, de la tyrosinase ; au contraire, l'amylase pancréatique reste à peu près intacte.

D'après Délezenne et Lisbonne (1), l'action des rayons ultra-violets sur le suc pancréatique se traduit d'abord par la disparition des propriétés lipasiques, puis de la kinase ; le trypsinogène est ensuite détruit ; l'amylase disparaît en dernier lieu. Agulhon (2) explique la résistance à la lumière de l'amylase pancréatique et de la pepsine par la présence d'albumine et celle de la présure par la coloration de ses solutions. Chauchard et Mlle Mazoué ont trouvé, au contraire, que l'amylase était très sensible aux rayons ultra-violets et cette contradiction tient probablement à la présence de matières organiques étrangères.

Agulhon considère que la plupart de ces diastases ne sont altérées à la lumière qu'en présence de l'oxygène ; de même pour les rayons ultra-violets, et ceci s'explique par la formation intermédiaire d'eau oxygénée qui attaque les diastases. Pourtant certaines diastases, comme les catalases et l'émulsine, sont détruites par tous les rayons lumineux, même en

---

(1) Délezenne et Lisbonne. — Action des rayons ultra-violets sur le suc pancréatique. *C. R. Acad. des Sciences*, CLV, 17, p. 1788.

(2) Agulhon. — Sur le mécanisme de la destruction des diastases par la lumière. *C. R. Acad. des Sciences*, CLIII, 20, p. 979.

l'absence d'oxygène, mais moins rapidement. Le ferment lab, qui n'est pas sensible aux rayons lumineux, l'est aux rayons ultra-violets, même en l'absence d'oxygène. Les recherches récentes de Schmidt, Nielsen et de Green affirment la destruction des diastases par les radiations lumineuses, même solaires, et surtout par les ultra-violets.

Les *produits de sécrétion externe* peuvent être aussi modifiés par la lumière. Le lait irradié prend un mauvais goût, les rayons favorisant la saponification des globules gras. Les acides gras produits sont décomposés et donnent des acides à odeur désagréable : acides butyrique, valérique, etc. Römer et Same ont démontré la présence, dans le lait irradié, d'acides gras volatils et la formation de glycérine. Talarico a prouvé que, pendant les trente premières minutes d'exposition à la lumière ultra-violette, le lait conserve sa digestibilité naturelle vis-à-vis de la trypsine, puis cette digestibilité diminue ; mais, au bout de 2 à 3 heures d'irradiation, le lait reprend la propriété d'être digéré par le ferment tryptique ; on peut donc, au point de vue pratique, stériliser le lait par les rayons ultra-violets sans modifier sa digestibilité, mais on lui communique un goût et une odeur désagréables.

Nogier et Bordier (1) ont étudié l'action de la lumière sur la bile : celle-ci devient jaune après 12 minutes d'irradiation, la biliverdine étant transformée en bilirubine plus stable ; c'est, en somme, un processus de réduction. Les mêmes auteurs ont étudié aussi les modifications de couleur et de spectre de l'indol et du scatol, ainsi que de leurs chromogènes.

Enfin, une sécrétion particulière, dans laquelle la lumière solaire joue un grand rôle, est la *production du pourpre* qui, d'après R. Dubois (2), est due à l'action des radiations solaires sur le contenu de la glande hypobranchiale de certains mollusques gasteropodes du genre « Mulex ».

3° Action sur le développement des animaux

L'influence de la lumière solaire sur le *développement des*

(1) Bordier et Nogier. — Mesure du pouvoir actinique des sources employées en photothérapie. *Arch. Électr. Méd.*, 1903, IX, 1.6.

(2) R. Dubois. — Sur la perception des radiations lumineuses par la peau chez le protée. *C. R. Acad. d. Sc.*, p. 160, 1890.

êtres vivants est certaine ; depuis que W. Edwards (1) a établi, en 1824, que la lumière participait à la métamorphose des têtards en grenouilles, retardée par l'obscurité, il y a eu, sur ce sujet, les travaux d'une série de savants, dont les conclusions ne sont pas d'ailleurs uniformes.

Tandis que J. Higginbothon (2) et Mac Donnel (3), Dutrochet (4), Schnetzler trouvent une influence retardante sur le développement des œufs de grenouilles et de salamandres, la plupart des autres auteurs croient, au contraire, à une action favorisante de la lumière.

On a recherché quelles étaient les *influences particulières de chacune des radiations*. Béclard (5) montre l'accélération de la métamorphose des vers, des œufs de mouches sous l'influence de la lumière violette et bleue, à l'opposé des lumières rouge, jaune, blanche ou verte. Féré (6) établit la supériorité de la lumière blanche sur les lumières rouge et orangée pour le développement des œufs de poule. Yung (7) voit le développement des œufs de rainettes et de saumons activé par les rayons violets et bleus. Leredde et Pautrier (8) puis Jackenowitch, montrent que la lumière exerce une influence incontestable sur le développement des têtards, la lumière violette étant la plus efficace pour activer les phénomènes de karyokinèse.

De toutes ses recherches, il résulte que les lumières bleue et violette accélèrent considérablement le développement des

---

(1) W. Edwards. — Influence des agents physiques sur la vie. *Paris*, 818.

(2) J. Higginbothon. — Influence des agents physiques sur le développement du têtard de la grenouille. *Journ. de phys. de l'homme et des animaux de Brown-Séquart*, VI, p. 234, 1863.

(3) Mac Donnel. — Exposé de quelques expériences concernant l'influence des agents physiques sur le développement des têtards. *J. phys. de Brown-Séquart*, II, p. 265, 1859.

(4) Dutrochet. — Recherches sur les enveloppes du fœtus. *Bruxelles*, 1834.

(5) Béclard — Influence de la lumière sur les animaux. *C. R. Acad. des Sciences*, XLVI, 1859.

(6) Féré. — Accidents produits par la lumière électrique. *Semaine Médicale*, 1889, p. 180.

(7) Yung. — *Archiv. de Zool. expérimentale*, VII, 1878 et *C. R. Acad. des Sc.*, LXXXVII.

(8) Leredde et Pautrier. — Photothérapie-Photobiologie, *Paris*, 1903.

animaux, que les lumières jaune, verte et rouge ont une action retardante et que l'obscurité a une action nuisible. Nos connaissances sont encore très rudimentaires sur les *modifications du développement et de la croissance* des mammifères dues à la lumière solaire.

Les recherches de Hammond (1) et de Gobartzewitsch (2) s'accordent pourtant à dire que les jeunes chats et les chiens se développent mieux à la lumière, et celles de Plaesanton (3) démontrent l'action favorable de la lumière violette sur la croissance des cobayes ; mais toutes ces expériences ont été critiquées par Loeb.

Les meilleures recherches sont celles de P. Borissoff (4), qui portent sur de jeunes chiens et des lapins et montrent que, mis dans une cage obscure, ils sont sans appétit et maigrissent, alors que les témoins de poids correspondant, maintenus à la lumière, restent forts. Cela correspond à l'existence de phénomènes reconnus depuis longtemps comme dûs à la lumière solaire, l'augmentation des mouvements et l'accroissement de l'appétit. Lorsque les oies, les poulardes, etc., sont maintenues pour l'engraissement dans des cages étroites et obscures, il est certain que c'est moins la privation de lumière que le manque de travail musculaire qui fait grossir les animaux enfermés, abstraction faite du gavage. La consomption est plus rapide pour les animaux maintenus au jeûne à la lumière, que chez ceux qui sont enfermés à l'obscurité, parce qu'il s'y surajoute la fatigue causée par des mouvements continus (Bidder et Schmidt (5), Adduco (6).

La lumière peut, dans certains cas, jouer un rôle dans la

---

(1) Hammond. — Some points relative on the sanitary influence of Light *The Sanitarean*, I, 1873-74.

(2) De Gobartzewistch. — Influence des rayons colorés sur le développement et la croissance des mammifères. *Thèse, Saint-Pétersbourg*, 1883.

(3) Plaesanton. — The influence of the blue ray of the sunlight. *Philadelphie*, 1877.

(4) P. Borissoff. — Principes de Photothérapie. *Presse Médicale*, 21 septembre 1901.

(5) Bidder et Schmidt. — Verdauungssäfte und der Stoffwechsel. *Leipzig*, 1852, p. 317.

(6) Adduco — Azione della luce sulla durata della vita. *Ann. di chim. e di farmac.*, X, p. 38, 1889.

formation d'organes ; c'est ainsi que LOEB montre que, chez l' « Eudendryum racemosum », une hydroméduse, le polype ne se forme qu'à la lumière solaire ; à l'obscurité, il n'y a que formation de la racine ; les rayons bleus de la lumière agissent seuls dans cette formation, les rayons rouges n'agissant pas plus que l'obscurité.

On peut dire, en résumé, que l'organisme croissant a besoin de la lumière solaire comme de l'air et de la nourriture, et le manque d'air, surtout habituel, semble moins préjudiciable pour l'organisme que le manque de lumière.

4° Action sur les mouvements des animaux

Nous venons de faire allusion aux mouvements provoqués par la lumière solaire chez les hommes et les animaux ; il est intéressant de rechercher s'ils sont consécutifs à l'action directe de la lumière sur les cellules de la peau qui est impressionnée, ou à une action sur le système nerveux, l'appareil de la vision servant d'intermédiaire.

Dans ses expériences, P. BERT (1) montre la grenouille aveugle préférer la moitié claire de sa cage ; GRÜBER (2) montre les lombrics, qui n'ont pas d'yeux, fuir la lumière et principalement les zones éclairées par les lumières bleue ou indigo. R. DUBOIS (3) voit le proteus anguineus, animal aveugle des cavernes de Carniole, fuir la lumière bleue violette pour se réfugier dans la lumière rouge.

FINSEN (4) constate que les mouvements des têtards de grenouille et de salamandre sont très nombreux sous l'influence de la lumière bleue et rares sous celle de la lumière rouge, jaune ou verte.

Exposant à la lumière solaire des têtards élevés dans la lumière rouge, il les voit exécuter de vifs mouvements, tandis que, dans les mêmes conditions, les têtards élevés dans

---

(1) P. BERT. — Influence de la lumière sur les êtres vivants. *Revue Scientifique*, p. 42, 1878

(2) GRÜBER. — Wiener Sitzungsberichte mathem. natur. Wissensch. 1883, LXXXVII.

(3) R. DUBOIS. — Sur la perception des radiations lumineuses par la peau chez le Protée. C. R. Acad. des Sciences, CX, p. 160, 1890.

(4) FINSEN. — La photothérapie. *Paris,* 1899.

la lumière bleue ne sont nullement excités : il y a donc accoutumance pour ces derniers. Plaçant à la lumière des têtards tenus depuis plusieurs semaines à l'ombre, il les voit s'agiter et nager avec vivacité. Alors que les animaux photophobes, accoutumés à l'obscurité, se groupent dans la lumière rouge, les animaux habitués à la vive lumière solaire, comme les papillons, se groupent de préférence dans la lumière bleue et s'y agitent, battant des ailes, alors que, dans la lumière rouge, ils restent au repos.

R. Dubois (1) montre que le siphon d'un mollusque lamellibranche, le photodedactyle, s'incurve du côté de la lumière, si elle lui arrive latéralement, par contraction de la face éclairée. Parmi les annélides tubicoles, le spirographe Spallanzini et le serpulla uncinata rentrent leurs tubes de façon à recevoir perpendiculairement les rayons lumineux sur leur couronne tentaculaire. Chez les élétérides lumineux, le pyrophore noctyluque se dirige dans l'obscurité, tantôt d'un côté, tantôt de l'autre, selon qu'on masque l'un ou l'autre de ses fanaux préthoraciques ; la marche n'est pas rectiligne, mais curviligne, à concavité tournée du côté de la lumière.

John Lubbock a vu les fourmis se placer dans la zone ultra-violette du spectre invisible pour nous, tandis que d'autres animaux, daphnies, limaces, escargots, blattes, la fuient. Pour concilier ces faits contradictoires de phototropisme négatif ou positif pour les rayons ultra-violets, suivant les espèces d'animaux, il faut faire entrer en ligne de compte leur habitat ordinaire : si l'animal vit sous terre, il évite la lumière et fuit les rayons chimiques ; s'il affectionne le soleil, il se déplace vers le violet ou l'ultra-violet. En outre, on constate que c'est plutôt la sensibilité cutanée que la sensibilité sensorielle qui est la première impressionnée et qui semble être le primum movens de ces phénomènes de photomotricité ; les propriétés de réagir plus ou moins, vis-à-vis des rayons chimiques, se manifestent à la fois chez les animaux privés d'appareil visuel et chez ceux qui en ont.

---

(1) R. Dubois. — Sur la perception des radiations lumineuses par la peau chez le Protée. *C, R. Acad. des Sciences*, CX, p. 160, 1890.

Dans ce dernier cas, les deux modes de sensibilité, sensorielle ou cutanée, peuvent entrer en jeu.

D'après Finsen et Koranyi (1), ce sont surtout les rayons actiniques, et particulièrement les ultra-violets, qui sont les promoteurs de vie et d'énergie. Pourtant, les travaux de Quincke, Shickard, Loeb et l'expérience journalière considèrent les rayons bleus comme calmants et les rayons rouges comme excitants.

Admettant une excitation spéciale du système nerveux par l'agent lumineux, Finsen fait jouer à ce dernier un rôle considérable dans la vie ; il cite en exemple l'impression de bien-être que nous éprouvons lorsque le soleil reparaît après s'être caché une partie de la journée, et l'agitation que présentent alors tous les êtres vivants, agitation et mouvement qu'il attribue uniquement aux rayons chimiques.

La lumière semble d'ailleurs agir directement sur les muscles lisses dans certains cas ; c'est ainsi que Brown-Séquard, puis Steinach (2) montrent que la lumière détermine des contractions sur l'iris d'amphibies et de poissons et que le siège exclusif des mouvements est dans les fibres musculaires lisses des sphincters de cet organe, qui contient un pigment brun, et cela même après atropinisation ou après excision du muscle, séparé du système nerveux.

Pflüger (3), von Platon (4) et Loeb pensent qu'en dehors de son influence purement motrice, la lumière solaire a une influence continue sur le tonus musculaire, et Loeb croit que ce fait explique, en partie, la pathogénie du signe de Romberg.

5° Le pouvoir de pénétration des rayons solaires

A côté de son action sur le mouvement et le développement, la lumière solaire joue un rôle intéressant et impor-

(1) Koranyi. — Action de la lumière sur les animaux. *Centralblatt f. Phys.*, VI.

(2) Steinach. — Untersuchungen zur vergleichenden Physiologie des Iris. *Pflüger's Archiv.*, LII, 1892.

(3) Pflüger. — Uber den Einfluss des Auges auf den tierischen Stoffwechsel. *Pflüger's Archiv* , XI, p. 263, 1875.

(4) V. Platon — Uber den Einfluss des Auges auf den tierischen Stoffwechsel. *Pflüger's Archiv.*, XI, p. 292, 1875.

tant dans *l'activité vitale*, dans la nutrition intime des tissus et dans les échanges généraux.

Elle est surtout une source d'énergie non seulement par le surcroît d'activité qu'elle occasionne, mais surtout par l'augmentation des oxydations qu'elle entraîne. Pour que ces phénomènes profonds se produisent, il faut que les rayons pénètrent à travers les téguments ; aussi doit-on connaître les propriétés pénétrantes des rayons.

Il est admis par tout le monde que les rayons rouges, oranges et jaunes traversent les tissus : la transparence des hydrocèles éclairées et celle de la main contenant une lampe électrique en sont des exemples ; or, ce sont ces rayons qui ont des propriétés toniques.

Godneff (1), dans des expériences très exactes, met sous la peau d'un chien de petits tubes en verre contenant des banlettes de gélatine au bromure d'argent. La plaie fermée, l'animal est entouré d'un drap noir avec une petite ouverture. On place devant un appareil voltaïque de 10 à 20 ampères et de 50 à 60 volts ; après une demi-minute d'exposition, le bromure d'argent est décomposé. Si les tubes sont mis plus profondément dans les muscles, pas de réaction. Les tubes mis derrière l'oreille, sous le prépuce, derrière la joue d'un homme, sont décomposés après 2 minutes ; derrière le bras, la main, pas de réaction, à moins de porter le courant à 25 ampères et 110 volts (Onimus (2), Darbois (3), Sarrason (4).

Pour Jansen (5), Winckler, l'ultra-violet ne pénètre même pas dans la peau ; le rouge, le jaune, le vert la traversent, mais sont peu absorbés, de sorte qu'à leur avis les rayons bleus sont les seuls qui exercent une action dans la profondeur des tissus.

Gerhardt met, dans une chambre noire, une plaque pho-

---

(1) Godneff. — Uber die Permeabilität der tierischen Gerwebe für die chemïsch wirkenden Strahlen. *Kazan*, 1882.

(2) Onimus — Action de la lumière sur les microbes. *Thèse Paris*, 1888-89.

(3) Darbois. — Traitement du lupus vulgaire suivant les indications. *Thèse Paris*, 1901.

(4) Sarason. — Uber Licht-therapie. *Deutsche Med. Ztg.*, Berlin, 1901).

(5) Jansen. — Zur Therapie der Kehlkopf-Tuberkulose. *Deutsch. Med. Wochensch*, 1909, n° 19.

tographique sur le côté gélatiné de laquelle il pose la main, et il remplit de plâtre les espaces interdigitaux ; il expose le dos de la main aux rayons d'une lampe à arcs de 2 ampères, distante de 40 centimètres. Au développement, on a la certitude que la lumière a traversé la main. MALGAT (1), dans une chambre exposée au soleil, met une jeune femme, le torse nu le dos au soleil, et appuyant sur sa poitrine un appareil photographique ; toutes les précautions étant prises pour qu'il ne puisse passer aucun rayon lumineux entre l'ouverture de l'appareil et la poitrine, la plaque est cependant impressionnée ; le thorax a donc été traversé par les rayons chimiques du soleil. La lumière chimique traverserait surtout les tissus organiques imprégnés d'eau, conditions que réalisent la plus grande partie des tissus de l'organisme, et même les tissus osseux.

D'après NOGIER, pour les animaux à poils rares et pour l'homme, l'épiderme limite les radiations du spectre solaire pouvant exercer une action sur les tissus profondément situés entre 7.510 et 4.358 A. Dans dans expériences faites avec VIGNARD (2), il conclut que la peau de la main n'est pas transparente aux rayons ultra violets moyens et extrêmes. Les rayons de 3.660 A ne traversent pas un millimètre et ceux de 4.538 ne traversent pas 2,5 millimètres.

Dès que les radiations ont traversé la peau, elles trouvent la trame des capillaires dont le sang artériel chargé d'hémoglobine absorbe une partie de l'orangé, les 2/3 du jaune et le vert presque tout entier. Le reste traverse le sang et est transmis, donnant sa couleur au sang. Donc bleu, indigo et violet peuvent pénétrer dans l'organisme à la faveur du sang artériel. Le sang veineux (hémoglobine réduite) absorbe une partie des rayons orangés, tous les rayons jaunes, à peu près tous les rayons verts ; les autres rayons lui donnent sa couleur. Aussi lorsqu'on veut augmenter le pouvoir de pénétration de la lumière, il faudra ischémier la peau (FINSEN).

---

(1) MALGAT. — Cure solaire à Nice. 1910.

(2) NOGIER et VIGNARD. — Résultats de l'héliothérapie en tuberculose articulaire. *Soc. de Chirurg. de Lyon*, 18 janvier 1912.

Busk (1), dans des expériences remarquables sur le pouvoir de pénétration de la lumière, a montré, chez des lapins, que la courbe de pénétration des différents rayons à travers l'oreille privée de sang, va en croissant de l'ultra-violet le plus extrême, dont la pénétration est nulle, jusqu'à la partie colorée du spectre et la gradation se poursuit dans l'infrarouge où l'on doit chercher le maximum de pénétration ; dans l'infra-rouge extrême, il tombe de nouveau. Il passe 22 o/o des rayons jaunes, 16 o/o de la lumière blanche, 1 o/o du bleu et du violet et o de l'ultra-violet.

On peut donc dire que les rayons de courtes longueurs d'onde s'amortissent dans les couches les plus superficielles des téguments, tandis que les rayons bleus et violets pénètrent davantage et que les rayons rouges peuvent traverser une épaisseur assez grande de tissus. C'est l'albumine des cellules qui absorbe les rayons et chaque albumine a un spectre d'absorption en rapport avec sa teneur particulière en amino-acides.

Le pigment cutané et le pigment rouge du sang forment donc des obstacles au passage des rayons chimiques, mais, théoriquement, ces obstacles ne paraissent pas infranchissables ; si l'on s'appuie sur les expériences d'Onimus, de Sarrason, de Malgat, impressionnant des plaques photographiques à travers les tissus.

6° Action sur les échanges respiratoires

Connaissant le pouvoir de pénétration des rayons, on peut aborder l'étude de l'action de la lumière sur les actes intimes de la vie.

Nous avons vu qu'il est classique de penser que la lumière solaire augmente les oxydations ; aussi parmi les premières recherches figurent celles sur les *échanges respiratoires*. Au jour, les oxydations augmentent nettement, car le mouvement entraîne la combustion des matières organiques ; mais à côté de cette action indirecte, il y a une action directe de

(1) Busk. — **Beitrag zu den Untersuchungen über die Durchstrahlungsmöglichkeit des Körpers.** *Mitteilung. aus Finsen's med. Inv.*, **IV.**

la lumière solaire sur l'énergie des oxydations intimes de la cellule. Les expériences sont extrêmement délicates et l'on doit toujours tenir compte s'il y a eu ou non mouvement, ce qui modifie profondément les résultats.

MOLESCHOTT (1), en 1855, constate sur un lot de grenouilles que le rapport est égal à 125 p. 100. Aveuglant ensuite ces grenouilles, le rapport tombe à 115 p. 100. La lumière solaire agit donc comme excitant et augmente de 1/12 à 1/4 la production d'acide carbonique de l'obscurité à la lumière. Pour les radiations isolées, le rapport est de 100 pour l'obscurité, 100,5 pour les rayons rouges, 113 pour la lumière blanche, 115 pour la lumière bleue violette. L'augmentation d'exhalation de l'acide carbonique est donc due à la partie chimique du spectre. Opérant sur le rat, avec FUBINI, il trouve que le rapport, en prenant 100 pour l'obscurité, monte à 111 pour la lumière rouge, 137 pour la lumière blanche, 140 pour les lumières bleue et violette. Etendant l'influence de l'obscurité et de la lumière sur la respiration cutanée chez la grenouille, après ablation des poumons, FUBINI (2) constate que le rapport d'acide carbonique exhalé dans ces conditions est de 100-134. LOEB ne veut pas tenir compte de ces résultats, car, pour lui, les auteurs n'ont pris aucune précaution pour empêcher les mouvements des animaux en expérience.

Les expériences suivantes essayèrent justement d'éviter cette cause d'erreur. CHASSANOWITZ (3), qui confirme les expériences de MOLESCHOTT, sectionnant la moëlle des grenouilles en expérience, prouve que la différence entre la quantité d'acide carbonique exhalé à la lumière et à l'obscurité, n'est pas due aux mouvements actifs des grenouilles à la lumière. MOLESCHOTT et FUBINI confirment leurs travaux sur des grenouilles privées d'yeux, de cerveau et de moëlle, et qui ont été dépouillées de leur peau ; une de ces grenouilles élimine par heure les quantités suivantes de CO^2 :

---

(1) MOLESCHOTT. — Ueber den Einfluss auf die Menge der vom Tierkörper ausgeschiedenen Kohlensaüre. *Wiener med. Wochensch.*, 1855, 43, p. 681.

(2) FUBINI. — *Arch. italiens de biologie*, 1891-92, VXI, p. 80.

(3) CHASSANOWITZ. — Ueber den Einfluss des Lichtes auf die Kohlensaüre. Dissertation, Kœnigsberg, 1872.

	à l'obscurité	à la lumière	à l'obcurité
4 novembre.	0,0056	0,0037	0,0027
6 —	0,0028	0,0080	0,0072

Von Platon, dans le laboratoire de Pflüger, voit croître, chez des lapins attachés, la consommation moyenne de l'oxygène de 116-100, et l'élimination d'acide carbonique de 114-100, selon que les yeux des animaux sont ou non éclairés ; mais J. Speck (1) ne croit pas ces expériences complètement à l'abri d'erreurs.

Les expériences de Fubini et de Benedicento sur les loirs et les chauve-souris en état d'hibernation sont très intéressantes.

CO^2 pour 100 gr. d'animal en 24 heures

	lumière	obscurité		lumière	obscu ité
19 décembre.	1,593	1,283	24 décembre.	1,705	0,985
20 —	1,959	1,802	2 janvier.	1,512	0,735
23 —	1,102	0,730	3 —	1,001	0,583

Dans d'autres expériences, Fubini voit le rapport d'acide carbonique éliminé à l'obscurité être de 76.100.

Alexander et C.-H. Ewald (2) soumettent des animaux curarisés à la respiration artificielle, les yeux étant soumis à une lumière intense, en restant dans l'obscurité. Ils constatent une augmentation de la consommation d'oxygène et de l'acide carbonique, qui croît de 5 o/o pendant la période de lumière. D'après toutes ses expériences et d'après les recherches effectuées chez les hommes, recherches dont nous parlerons au chapitre suivant, il semble que la lumière solaire augmente l'activité du chimisme respiratoire, l'oxydation des tissus et cette action semble appartenir en particulier à la partie chimique du spectre. Mais pour Speck, ce ne sont pas les oxydations qui sont augmentées directement ; il y a erreur d'interprétation et la lumière solaire ne fait que modifier la mécanique respiratoire, augmentant la fréquence et la profondeur des respirations.

S. Loeb, après avoir étudié les variations de poids et des

---

(1) S. Speck. — *Physiologie des menschlichen Atmens Leipzig*, 1895.

(2) Alexander et C.-H. Ewald. — The influence of light on the gas exchange in animal tissu. *Journ. Phys.* XIII, p. 847, 1892.

échanges respiratoires à la lumière et à l'obscurité chez des larves de papillon, aboutit aux mêmes conclusions.

Enfin, tout récemment, Dürich (1) conclut que les modifications produites dans l'appareil respiratoire, avant ou après un rayonnement intensif, diffèrent individuellement et suivant l'intensité du rayonnement, bien qu'on ne puisse pas en déduire des lois précises. Cependant il a trouvé, avec quelque constance, par l'action directe de la lumière solaire, une augmentation de la quantité d'acide carbonique exhalé.

La *vapeur d'eau émise par la respiration* pourrait être aussi modifiée, dans certains cas, par la lumière solaire, puisque Pott voit chez des grenouilles la quantité émise à l'obscurité puis au soleil passer de 1 à 3.

7° Action sur les échanges azotés et sur le poids

En raison de l'accroissement des échanges respiratoires par la lumière solaire, il se produit aussi une augmentation des échanges généraux et en particulier des échanges azotés.

Ainsi Yung abandonne des têtards placés dans des vases colorés jusqu'à ce qu'ils meurent de faim ; les premiers qui succombèrent, sont ceux soumis à la lumière violette qui augmentait leur activité et par suite accroissait la dépense de forces qu'ils ne pouvaient renouveler. D'autre part, Pincussohn (2) a montré que chez deux chiens soumis à une irradiation lumineuse de 500 bougies, après une injection d'une solution d'éosine dans du sérum physiologique, le rayonnement amène des changements essentiels dans le métabolisme des corps puriques ; la décomposition de l'allantoine est diminuée et il croit pouvoir obtenir avec la lumière des effets intéressant tous les échanges des goutteux.

Par contre, Graffenberg ne trouve pas de différences sensibles dans la nutrition azotée d'animaux insolés ou laissés à l'obscurité : il maintient deux lapins pendant 11 jours, l'un dans une cage claire, l'autre dans une cage obscure, et

---

(1) Dürich. — Uber die Wirkung intensiver Belichtung auf den Gaswechsel u. die Atemmechanik. *Biochem. Zeitsch.*, XXXIX, 5-6, p. 469.

(2) Pincussohn. — Uber die Einwirkung des Lichtes auf den Stoffwechsel. *Berl. klin. Wochens.*, n° 22, p. 1.005-1.009, 1913.

il leur fournit 17 gr. 2 d'azote ; celui qui a été insolé fixe 2 gr. 8 pour toute l'expérience, l'autre 2 gr. 5.

Etant donné les modifications des échanges généraux par la lumière solaire, il est compréhensible qu'elle puisse influencer le poids des animaux.

Bidder et Schmidt (1) voient un chat, mis au jeûne, perdre plus de poids au soleil qu'à l'obscurité. Fubini fait des constatations semblables sur des grenouilles. Les radiations bleues et violettes amènent une consommation plus rapide des matériaux de réserve.

Par contre, sur 4 chiens de même poids et de même couleur, au même régime alimentaire et ayant même aération, Borrissoff place les uns à la lumière solaire, les autres à l'obscurité. Les chiens placés au soleil mangent plus que les autres et après avoir eu, pendant la première semaine, un poids inférieur à celui des chiens placés à l'obscurité, ils pèsent, au bout d'un mois, 220 grammes de plus que ces derniers. Borrissoff obtient des résultats semblables avec des lapins et il pense que la lumière joue pour l'organisme, le rôle d'excitant ; grâce à cet excitant, les échanges s'effectuent d'une façon plus active, mais en même temps les matériaux nutritifs sont accumulés et fixés avec plus de facilité.

8° Action sur la Peau

La suractivité nutritive et fonctionnelle de l'organisme par la lumière solaire serait dûe, pour Carnot, à l'absorption des vibrations moléculaires des rayons lumineux par les lipochromes ou cellules pigmentaires qui appartiennent, les uns au système cutané, les autres au sérum sanguin. Les premiers se fixent dans la peau sous forme de pigmentations brunes qui apparaissent sous l'action du soleil ; les secondes diffusent dans l'organisme l'énergie radio-active du soleil. Aussi, comprend-on l'intérêt primordial qui s'attache à l'étude de l'action de la lumière solaire sur la peau et le sang.

---

(1) Bidder et Schmidt. — Verdauungssaefte und der Stoffwechsel. *Leipzig*, 1852, p. 317.

C'est la peau que doivent traverser les rayons solaires pour atteindre les organes profonds sur lesquels ils peuvent agir, et nous avons vu, dans une autre partie de ce Chapitre, quel était leur degré de pénétration. Mais, d'autre part, il ne faut pas que les rayons abiotiques puissent produire des lésions profondes dans l'organisme ; aussi la peau arrête par sa pigmentation la plus grande partie de ces rayons dangereux, et nous verrons qu'après transformation, elle peut souvent les utiliser. Cette pigmentation, qui envahit la couche de Malpighi de la peau, est certainement en rapport avec les radiations lumineuses et plus particulièrement avec les radiations chimiques ; nous n'en voulons pour preuves que les nombreux faits d'observation dont nous allons parler.

C'est surtout sur la partie dorsale des animaux que le pelage est le plus foncé, alors qu'au contraire, le ventre, à l'abri des radiations directes du soleil, reste clair ; c'est ce que l'on constate chez les bêtes à corne, chez le cheval, l'âne, etc.

Chez le poisson plat, une seule face est colorée, la face dorsale la seule éclairée et CUNNINGHAM a pu expérimentalement modifier la localisation de la pigmentation. En outre, comme le montre FINSEN, la pigmentation est surtout en rapport avec l'intensité lumineuse. Aussi n'est-on pas étonné de trouver sous les tropiques des animaux à fourrure dont le pelage est très foncé ou coloré, alors qu'au contraire, les animaux polaires sont clairs ; ces derniers modifient même leur pigmentation suivant les saisons, les couleurs étant plus foncées en été, si riche en lumière, et plus blanches en hiver, saison pauvre en lumière.

PAKHARD et VIRÉ ont essayé de provoquer la disparition et la réapparition de la pigmentation sur des animaux appartenant à la faune souterraine de l'Amérique et de la France. VIRÉ (1) montre que le « gammaus puteanus », qui est vert-gris à la lumière, est partiellement décoloré au bout de 11 jours de séjour dans les catacombes et complètement incolore au bout de 20 jours. Inversement, VIRÉ a provoqué l'apparition d'un pigment vert-brun sur tout le corps du

---

(1) VIRÉ. — L'évolution du pigment, *Thèse*, *Paris*, 1900.

« niphargus puteanus », en le plaçant deux mois à la lumière, alors qu'il est naturellement incolore dans les cavernes. Les mollusques, les crustacés, les étoiles de mer sont incolores à partir de 20 brasses de profondeur dans la mer, parce que la lumière n'y pénètre plus.

Les radiations colorées semblent jouer le rôle principal dans la formation des pigments cutanés colorés. Bohn (1), Poulton, Meaifield et Schroetter (2) en donnent une preuve intéressante : si l'on élève des chrysalides dans des boîtes tapissées de papiers de couleurs différentes, on voit les chrysalides reproduire les teintes des papiers de la boîte où elles ont été élevées. La lumière a donc le principal rôle dans la production du pigment ; elle n'est pas seule, et il est certain que l'alimentation, les conditions chimiques, les réductions locales, les intoxications apportent aussi une contribution à la constitution et à la répartition de la pigmentation...

Le rôle de la pigmentation a été diversement interprété par les auteurs. En réalité, elle n'a pas un seul rôle, mais plusieurs fonctions, dont la plus importante est celle que Finsen a démontré : le pigment absorbe les radiations lumineuses et utilise leur énergie en la transformant en énergie chimique.

D'autre part, le pigment a un rôle de « régulation photochimique » pour les rayons chimiques, n'amortissant pas tout le spectre chimique, mais le limitant à l'intensité utile pour l'organisme. Nous reviendrons d'ailleurs plus complètement sur les théories pathogéniques du pigment et sur son rôle, quand nous étudierons l'action de la lumière solaire sur la peau humaine. Voici les preuves expérimentales qui permettent d'appuyer les théories émises plus haut : Brücke (3), Krukemberg, P. Bert (4) ont montré que le caméléon a, dans l'épaisseur de ses téguments, de grandes

(1) Bohn. — Evolution du pigment. *Paris*, 1901.

(2) Schroetter. — Action de l'insolation dans le traitement de la tuberculose. *VIIe Congrès de la tuberculose. Rome*, avril 1912.

(3) Brücke. — Untersuchungen über den Farbenwechsel des Cameleons. *Acad. den Wissenschaft*, 1852, IV.

(4) P Bert. — Influence de la lumière sur les êtres vivants. *Revue Scientifique*, p 42, 1878.

cellules pigmentées ou chromatophores, très mobiles, qui restent dans la profondeur à l'obscurité, qui gagnent au contraire la peau si l'éclairage est intense ; de gris, le caméléon devient noir. Certains poissons, comme le turbot, possèdent aussi la même propriété de changer de couleur à la lumière (Pouchet) (1).

Ce sont uniquement les rayons bleus, violets et ultraviolets qui provoquent l'hyperpigmentation de la peau, comme l'a montré P. Bert, alors que les autres rayons, surtout les rouges, sont inactifs. Ce sont ces mêmes rayons qui provoquent des accidents cutanés, si la pigmentation les arrête insuffisamment ; c'est ce que l'on voit chez les bêtes à corne, chez qui les coups de soleil atteignent exclusivement les parties claires des robes tachetées.

9° Action sur le sang

Nous avons dit que le sang est avec la peau le plus grand absorbant de lumière solaire. Ceci se voit nettement lorsque l'on regarde le spectre qui a traversé le sang. C'est surtout l'hémoglobine qui a fixé la plus grande partie des rayons colorés et de l'ultra-violet ; mais la lumière agit aussi sur les globules blancs et sur le sérum. Cette absorption des rayons par le sang périphérique porte dans tous les territoires de l'organisme, l'énergie latente contenue dans les rayons solaires (Schlaepfer) (2).

Outre son absorption, la lumière solaire modifie les qualités et les propriétés du sang ; elle augmente son *poids spécifique* qui passe de 1.041 à 1.050 chez un animal, par passage de l'obscurité au soleil ; cependant tous les auteurs n'admettent pas ce fait ; Linser et Halber n'ont observé aucune modification après une insolation de 100 heures.

Pour beaucoup d'auteurs, les *érythrocytes* sont modifiés. Marty et Meyer trouvent le chiffre des globules rouges diminué, chez le rat, à l'obscurité, tandis qu'il augmente au soleil et à la lumière électrique. Graffenberg trouve aussi, chez des

(1) Pouchet. — *C. R. Acad. des Sciences*, 1871.

(2) Schlaepfer. — Die photoaktivität des Blutes. *B. Klin.*, XLII, p. 1.185, 1905

lapins maintenus à l'obscurité, une diminution des érythocytes et de l'hémoglobine ; plus l'obscurité est longue, plus les éléments du sang s'abaissent. Au contraire, SCHŒNENBERGER trouve une augmentation des érythrocytes, de la concentration du sérum et de l'hémoglobine à l'ombre ; mais ses expériences ne sont pas à l'abri d'erreurs. Enfin, BORRISSOFF, dans des recherches sérieuses, ne constate à la lumière aucune modification des érythrocytes et de l'hémoglobine.

Bien qu'il semble y avoir une certaine incertitude sur les résultats de l'action de la lumière solaire sur le sang, on admet le plus souvent que la lumière bleue, ayant un effet voisin de la lumière diffuse, agit surtout sur les leucocytes, moins sur les erythrocytes et les cellules épidermiques. La lumière agit moins électivement sur les *leucocytes* ; elle provoque par la vaso-dilatation des vaisseaux, aussi bien que par la transsudation du sérum, une meilleure nutrition des tissus, amenant une régénération rapide de l'épiderme et la guérison des lésions sans laisser de cicatrices appréciables.

La lumière facilite la réduction de l'hémoglobine, le départ de l'oxygène du globule, et ainsi est favorisée la respiration des tissus. C'est le globule rouge sur lequel viennent s'amortir les radiations solaires, qui joue le rôle principal, et c'est aux rayons bleus, violets et ultra-violets, absorbés par l'hémoglobine, qu'est dévolue cette fonction ; mais on peut leur associer, avec ZIMMERN (1), les rayons verts, jaunes et rouges qui n'agissent pas eux-mêmes, mais rencontrent peut-être dans l'organisme des sensibilateurs élaborant l'énergie radiante pour la rendre efficace et active.

Les rayons ultra-violets peuvent avoir une action nocive sur les éléments du sang : ils provoquent, d'après FINSEN, une déformation des globules rouges du têtard qui se contractent et diminuent de volume. HASSELBACH montre que les rayons de 3100 Å et au-dessous produisent une dissolution des hématies ; si on les fait agir sur des préparations sèches, les globules rouges fixés ne subissent pas l'action hydroli

(1) ZIMMERN. — Les bases physico-biologiques de l'héliothérapie. *Presse Médicale*, 10 mai 1913, p. 377.

sante de l'eau (V. Henri) (1). Les leucocytes et les autres cellules sont, comme les organismes unicellulaires, détruites par ces mêmes rayons.

L'absorption des rayons lumineux par l'*hémoglobine* est bien connue. Le sang artériel examiné au spectroscope présente les 2 bandes d'absorption de l'oxyhémoglobine dans le jaune et le commencement du vert, alors que dans le sang veineux les 2 bandes se sont réunies pour ne former qu'une seule bande d'hémoglobine réduite.

Le sang artériel et veineux laisse passer par transmission une quantité de rayons chimiques plus grande qu'on ne le croit.

Par irradiation du sang en couche mince, les bandes spectrales de l'hémoglobine sont remplacées par la méthemoglobine (Bordier, Nogier et Morel) (2). Hasselbach (3) pousse plus loin ces recherches : la lumière ultra-violette convertit l'hémoglobine en méthémoglobine qui se transforme ensuite en hématine ; la condition nécessaire à cette expérience est la présence d'oxygène, car l'hémoglobine réduite résiste à la lumière ; on observe ces faits avec des radiations de 3.100 A.

Dans le vide, la méthémoglobine est transformée en hémoglobine réduite ; à l'obscurité, l'oxygène résultant de la décomposition régénère l'oxyhémoglobine. Même réaction pour la carboxyhémoglobine, la présence de corps facilement oxydables accélère les réactions qui dégagent de l'oxygène, et Hasselbach les considère comme sensibilisateurs de la réaction. Mais, pour Bordier et Hasselbach, les rayons ultra-violets n'ont pas d'influence sur le sang dans les vaisseaux, sur le nombre des globules rouges, ni sur la production de l'hémoglobine : ils n'agissent que sur le sang des tissus irradiés, en transformant l'hémoglobine en méthémoglobine et en produisant un accroissement de l'activité de réduction de l'hémoglobine ; la raison pour laquelle les ultra-violets

---

(1) V. Henri — Action des rayons ultra-violets sur l'organisme. *C R. Acad. d. Sciences.* CLIV. 24, p. 264 ; 25, p 1734.

(2) Bordier, Nogier et Morel. — Action des rayons ultra-violets sur le sang et l'oxyhémoglobine pure. *Arch. Electr. Méd.*, 25 janvier 1909.

(3) Hasselbach. — Effets de la lumière sur les matières colorantes du sang et les globules rouges. *Arch. Electr. Méd.*, 10 mars 1910.

n'agissent pas sur le sang circulant est qu'ils sont trop peu pénétrants.

10° Action sur le sérum et les anticorps

L'action de la lumière sur le sérum est intéressante à connaître, parce que le sérum renferme tous les anticorps, toxines, diastases qui jouent à l'état normal et pathologique un rôle considérable.

L'action des rayons ultra-violets sur le *sérum* est limitée, en raison de sa richesse en matières colloïdes, arrêtant les rayons de courtes longueurs d'onde. Les recherches les plus importantes sur ce sujet sont celles de Baroni et de Jonesco-Mihanisti (1) : ils ont soumis des dilutions de sérum frais en boîte de Petri à un rayonnement ultra-violet. Ils ont vu successivement disparaître :

le pouvoir alexique en une minute ;
le pouvoir lytique en 5 à 6 minutes ;
le pouvoir bactériolytique en 7 à 9 minutes ;
les anticorps agglutinants en 32 minutes ;
les anticorps immunisants en 45 minutes ;
le pouvoir toxique en 2 heures et demie.

Ce même sérum, rendu non toxique par irradiation, reste encore précipitable par un sérum anti, de sorte que la propriété « antisensibilisine » de Besredka est détruite en dernier. Après 4 à 5 heures, il y a disparition de la propriété précipitrogène *in vitro*. Si on prend un sérum déjà irradié pendant 5 heures, on voit qu'il n'est plus précipitable par un sérum anti ; en même temps, la propriété sensibilisogène du sérum est très diminuée, sans être complètement détruite. Dans une solution de sérum humain à 2 o/o, soumise aux rayons ultra-violets, le ferment antitryptique est détruit, si le rayonnement est suffisamment prolongé. Les signes de l'anaphylaxie apparaissent encore avec des sérums irradiés 2 heures et demie.

Le *sérum antituberculeux*, irradié 15 à 20 minutes, perd

(1) Baroni et Jonesco-Mihanisti. — Sur la destruction par les rayons ultra-violets des principes actifs des sérums normaux et préparés. *C. R. Soc. de Biologie*, 5 mars 1910.

son pouvoir précipitant et, au bout d'un certain temps, devient opalin, visqueux et, au bout de 5 heures, gélatineux. Le sérum antidiphtérique ne protège plus le cobaye, après une exposition de 45 minutes.

Dans les *sérums syphilitiques*, la réaction de Wassermann est semblable, avant et après l'exposition aux rayons ultra-violets ; l'antigène est légèrement atténué. Mais l'irradiation du mélange antigène + anticorps, si l'on emploie comme complément le sérum de cobaye, rend la fixation négative.

11° Conclusions

1° Le soleil, bien que n'étant pas indispensable à la vie animale, a un rôle des plus utiles dans la nutrition générale. L'étude des modifications apportées aux diverses fonctions de la vie par les radiations solaires est rendue délicate par la difficulté de l'expérimentation, par la complexité des phénomènes biologiques.

2° Les rayons solaires, absorbés par les molécules chimiques intra-protoplasmiques, excitent la vie cellulaire et augmentent les oxydations tissulaires. Si les rayons ultra-violets sont assez intenses, ils ont un rôle nocif sur les cellules qu'ils peuvent détruire (c'est la base de la photothérapie).

3° Les rayons solaires n'altèrent les sécrétions cellulaires qu'après un certain temps d'exposition, à moins qu'ils ne soient très riches en ultra-violet.

4° Le soleil est utile à l'organisme en voie de croissance. Cette action très nette chez les animaux inférieurs, dont le développement est favorisé par la lumière chimique, l'est moins chez les animaux supérieurs, chez qui l'appétit est cependant très nettement augmenté par la lumière solaire.

5° La lumière solaire active les mouvements des êtres vivants, tant par son action sur les téguments que par l'intermédiaire du système nerveux. Les animaux photophobes préfèrent la lumière rouge, les animaux habitués à la vive lumière solaire, préfèrent la lumière bleue. On admet, en général, que les rayons bleus sont calmants et les rouges excitants. Il semble enfin que la lumière ait une action directe et constante sur le tonus musculaire.

6° Les rayons ultra-violets sont arrêtés par les téguments

ainsi que les violets, et le pouvoir de pénétration dans l'intérieur de l'organisme va en augmentant jusque dans l'infrarouge où est le maximum.

Il est vrai que pour certains auteurs, les rayons chimiques pénétreraient à travers les tissus.

7° La lumière solaire et, en particulier, les rayons chimiques semblent augmenter les échanges respiratoires ; mais les recherches sur ce sujet sont très délicates, car il est difficile de savoir si l'augmentation des échanges n'est pas due à des mouvements provoqués par la lumière ou simplement à l'augmentation du nombre de respiration qui se produit toujours au soleil.

8° On pense que les échanges azotés sont augmentés par la lumière solaire, mais on n'en a pas de preuves irréfutables.

En tout cas, le poids augmente à la lumière solaire grâce à l'excitation de l'appétit et à la facilité de la fixation des matériaux nutritifs.

9° Les rayons solaires provoquent au niveau de la peau la formation de pigment, dans les cellules de la couche de Malpighi. La pigmentation est plus ou moins abondante suivant que le soleil est plus ou moins intense et surtout suivant sa richesse en rayons chimiques. Elle a pour fonction principale d'arrêter les rayons abiotiques, dangereux pour les tissus, véritable « régulateur photochimique » et elle absorbe les rayons solaires inutilisables pour les transformer en énergie utilisable par l'organisme.

10° Les rayons solaires agissent sur le sang qui les absorbe pour transporter à travers tous les tissus l'énergie dont ils sont chargés.

Ils augmentent les globules rouges, les leucocytes, le taux de l'hémoglobine ; ils favorisent les oxydations tissulaires par l'intermédiaire des hématies ; ils excitent la phagocytose.

11° Les anticorps sériques ne sont, pour la plupart, détruits par une exposition aux rayons ultra-violets qu'au bout d'un temps assez long. Seules, les propriétés anaphylactiques ne sont pas touchées.

CHAPITRE V

ACTION DE LA LUMIÈRE SOLAIRE SUR L'HOMME

« L'insolation générale, c'est-à-dire l'action directe du soleil et de l'air sur la surface totale des téguments, constitue, dit ROLLIER (1), le plus énergique des toniques et le meilleur des reconstituants. » La lumière solaire produit, en effet, dans l'économie des effets multiples, l'organisme se ranimant, se fortifiant et récupérant ses forces. « L'homme ne se nourrit pas seulement de pain, mais également d'air et de lumière, le pain de la respiration ; mais cette alimentation n'est pas seulement digestive et respiratoire, mais encore cutanée. » (MONTEUUIS) (2).

Nous avons, au Chapitre précédent, indiqué les principales modifications provoquées par la lumière solaire, et comment on avait recherché par expérimentation la cause de ces phénomènes. Nous indiquerons maintenant les constatations faites chez l'homme, les raisons qui les font comprendre et les conséquences thérapeutiques que l'on peut en tirer.

1° Action normale sur la peau

Le soleil, qui est à l'origine de toute énergie, agit sur l'organisme par l'intermédiaire de la peau, puis du système nerveux ; aussi allons-nous tout d'abord étudier l'action de la lumière sur la peau.

---

(1) ROLLIER. — Pratique de la cure solaire dans la tuberculose externe. *Paris Médical*, p. 261, 1913.

(2) MONTEUUIS. — Bains d'air, de lumière et de soleil. *Paris*, 1911.

Celle-ci est, en effet, plus qu'un simple organe d'élimination et d'excitation ; elle est, par excellence, l'organe d'absorption ; elle permet à l'individu d'absorber une excessivement petite quantité d'oxygène mais surtout c'est par elle que l'organisme puise des forces inconnues dans un bain d'air et de soleil.

Nous avons vu quel est le pouvoir de pénétration des rayons solaires à travers la peau ; nous avons vu la formation du pigment chez les animaux ; nous allons maintenant montrer l'effet de la lumière solaire sur la peau humaine.

L'effet est différent suivant que l'action est aigue, intense, ou qu'au contraire la peau s'habitue progressivement au soleil ; dans le premier cas, il se produit un érythème plus ou moins sérieux ; dans le second cas, la peau se pigmente en même temps qu'elle s'hypéremie.

Examinons d'abord l'action chimique de la lumière solaire sur la peau : la pigmentation peut se produire soit progressivement par action quotidienne du soleil sur les parties découvertes du corps, visage, bras, mains, soit, au contraire, rapidement, succédant à un coup de soleil.

Tous les individus vivant au grand air ont une pigmentation très riche qui leur permet de supporter sans crainte les rayons les plus ardents du soleil. Si le soleil n'est pas lui-même très intense, mais si les rayons sont réfléchis et diffusés par la mer ou par les glaciers, la pigmentation est tout de même très marquée, c'est le hâle des marins et des montagnards. Enfin, l'origine de la pigmentation foncée des nègres est certainement en rapport avec l'intensité particulière du soleil des tropiques. La pigmentation, due à un pigment jaune clair siégeant à la base de la couche transparente de la peau, survit un peu à l'action du soleil, puis elle pâlit et disparaît.

A côté de la pigmentation, l'action chronique du soleil provoque une dilatation vaso-motrice des vaisseaux et capillaires de la peau qui est bien en rapport avec l'action lumineuse, comme le prouvent les expériences de Finsen et de Moller (1) : la peau peut conserver localement, pen-

(1) Möller. — Der Einfluss des Lichtes auf die Haut, im gesunden u. krankhaft. Zustande. Bibliotheco. medic. Stuttgart, 1900.

dant des années, une prédisposition à rougir sous toutes les influences internes ou externes.

Cette vaso-dilatation, amenant une congestion semblable à la méthode de Bier qui favorise la phagocytose activement et non plus passivement, joue certainement un rôle heureux dans la nutrition de la peau, en augmentant la circulation locale, ce qui se traduit par une accélération de la croissance des ongles, des poils, de la barbe et des cheveux insolés, comme l'ont montré Finsen, Berthold (1) et Jensold.

2° Le rôle du pigment

Le mode de formation du pigment étant connu (2), nous devons en rechercher le rôle ; de nombreuses théories ont été bâties pour l'expliquer et il faut bien dire que le pigment n'a pas qu'un rôle particulier, mais qu'il a des fonctions multiples.

On a d'abord considéré la pigmentation comme un processus de défense, ayant pour but d'arrêter les rayons abiotiques et de ne laisser passer que les rayons utiles. Finsen et Giard, qui ont émis cette théorie, ont facilement prouvé que le pigment protège la peau contre les rayons ultra-violets, mais il n'est pas seul en cause et, à côté de lui, la vaso-dilatation vasculaire, sur laquelle nous avons insisté, a le même rôle, le sang absorbant en partie les rayons chimiques ; la moindre altération tégumentaire, comme l'œdème des cellules épidermiques, leur état spongiocytaire, atténue aussi la transparence de la peau aux rayons chimiques. Le processus de défense serait, pour Finsen, fixé par l'hérédité et il serait un moyen de sélection naturelle, la couleur de la race nègre en étant un exemple.

C'est une théorie lamarckienne, expliquant la création d'une variation par une réaction physico-chimique de l'organisme contre le milieu extérieur (Bohn) (3). Leredde et Pautrier (4) considèrent la pigmentation comme un pro-

(1) Berthold. — Arch. f. Anat. u. Phys., 1850, *p.* 156.
(2) *Voir le Chapitre précédent.*
(3) Bohn. — Evolution du pigment. *Paris*, 1901.
(4) Leredde et Pautrier. — Photothérapie-Photobiologie. *Paris*, 1903.

cessus d'adaptation permettant de doser la valeur des rayons chimiques, dont les uns, nuisibles, doivent être arrêtés, tandis que les utiles doivent passer. « Le pigment n'est destiné, dit NOGIER (1), qu'à ramener à une dose bienfaisante un agent actif, dont l'excès pourrait amener des perturbations dangereuses. C'est donc plus un processus d'adaptation qu'un processus de défense ».

MIRAMOND DE LAROQUETTE (2) soutient une théorie absolument différente : la pigmentation a un rôle plus nuisible qu'utile et on doit l'éviter en héliothérapie. « L'érythème solaire (coup de soleil) paraît correspondre au travail de réparation de l'épiderme altéré par les rayons chimiques, travail nécessitant une intense hyperémie des premiers plans du derme. De même, la pigmentation qui lui est consécutive produit vraisemblablement l'excitation et la multiplication des cellules de la couche génératrice de l'épiderme, siège des granulations pigmentaires. Vaso-dilatation superficielle et extravasion sanguine, qui en est la conséquence, doivent aider aussi à la pigmentation par l'apport de l'hémoglobine, dont le pigment dérive. La desquamation, enfin, correspond à l'élimination des éléments mortifiés ».

Le pigment doit, en plus de son *rôle protecteur*, modifier les rayons absorbés ; il transforme les radiations chimiques du spectre en énergie utilisée par l'organisme ; l'énergie chimique serait changée en chaleur, selon le principe de la dégradation de l'énergie, et les pigments, formant une multitude de petits centres thermiques, communiquent leur énergie de transformation, la chaleur, au protoplasma qui les baigne.

C'est la théorie du « pigment fluorescent » de ROLLIER et ROSSELET (3), STEINER, d'après laquelle, sans qu'un effet lumineux soit nécessaire, une famille de radiations est transformée en une famille d'un octave inférieur. Le pigment, recevant des radiations chimiques peu pénétrantes, renforcerait l'ac-

(1) NOGIER. — La lumière et la vie. *Thèse*, *Lyon*, 1901-04.

(2) MIRAMOND DE LAROQUETTE. — Sur l'érythème solaire et la pigmentation. *Monde Médical*, Décembre 1911, p. 1097.

(3) ROLLIER et ROSSELET. — Sur le rôle du pigment épidermique et de la chlorophylle. Bull. de Soc. Vaudoise de Sc. nat., 1908.

tion des rayons calorifiques directement pénétrants, rayons possédant, pour certains auteurs, un pouvoir microbicide plus puissant que les ultra-violets (WERNER). L'héliothérapie se transformerait en une simple thermothérapie par chaleur rayonnante absorbée, qui serait mise en circulation dans l'organisme sous forme de chaleur.

Le pigment a aussi un *pouvoir défensif* vis-à-vis des infections. En effet, on voit les régions constamment humides, siège d'évaporation cutanée et particulièrement sensible, comme le mamelon, les organes génitaux, les nasaux du chien, posséder une forte pigmentation.

ROLLIER (1) a constaté aussi que la peau pigmentée a une immunité locale remarquable contre les affections microbiennes ; les téguments bronzés n'ont jamais ni acné, ni tuberculose locale. Certains auteurs croient même que les pigments fixent les toxines. En tout cas, il est certain que la cure solaire produit un effet d'autant meilleur que la pigmentation est plus intense et l'augmentation de la force de résistance est presque toujours proportionnelle à la précocité et au degré de la pigmentation (ROLLIER, RIVIER (2). Tout malade atteint de tuberculose fermé, qui se pigmente, guérit toujours ; les blonds guérissent moins vite que les bruns et les blonds vénitiens encore moins vite, parce qu'ils se pigmentent mal.

DIESING (3), dans une conception personnelle, fait jouer au pigment un rôle capital et étendu ; pour lui, les rayons chimiques bleus, violets et ultra-violets sont tranformés, par les cellules chromogènes de la peau, en pigments, dont une partie passe dans la circulation, une autre partie se fixe comme pigments dans la peau, où ils agissent comme provision d'énergie lumineuse et, en outre, comme protecteur contre l'action de la lumière.

Les pigments sont, d'après lui, des porteurs de force que l'on embrasse sous le terme « d'énergie vitale ». La régula-

(1) ROLLIER. — Recherches scientifiques sur la cure solaire. *Congrès de Physiothérapie, Paris*, 1910.

(2) RIVIER. — La cure hélio-marine méditerranéenne. *Thèse Lyon*, 1911-12.

(3) DIESING. — Das Licht als biologisch. Faktor. *Leipzig*, 1909.

tion des pigments se fait par les organes de la peau et avant tout par les reins ; dans le sang, il y a transformation du pigment consommé, qui est reconstitué par le foie et le rein en pigments biliaires et urinaires. La conception du pigment organique, comme énergie lumineuse, permet d'expliquer l'importance de la lumière sur le développement des néoformations, sur l'influence du métabolisme des pigments dans les maladies infectieuses et sur la nutrition.

De toutes ces théories, il est impossible de savoir actuellement celle qu'il faudrait adopter, mais on peut, d'une façon éclectique, résumer le rôle du pigment, en disant qu'il limite le spectre chimique à l'intensité utile pour l'organisme, qu'il transforme les radiations absorbées en énergie utilisable par l'économie, qu'il joue un rôle actif dans la défense contre les infections et les intoxications.

3° Action pathologique sur la peau

Le soleil peut produire sur la peau des lésions si son action est trop intense, et l'accident le plus fréquent est le *coup de soleil.*

Tout d'abord, il se produit une sensation de chaleur suivie d'un érythème passager avec vaso-dilatation, puis sudation ; ces phénomènes ont pour caractéristique : leur instantanéité sans période latente ; d'abord sensations subjectives, puis signes objectifs ; la durée éphémère de la réaction, qui disparaît peu de temps après la cessation de la radiation qui l'a accusée ; tous ces caractères sont ceux de l'absorption par la peau des rayons infra-rouges.

Puis, une ou deux heures après, apparaît un nouvel érythème, mais celui-ci tenace, progressif, accompagné d'une douleur assez intense avec élévation de la température locale, ne s'effaçant, après légère desquamation, qu'au bout de quelques jours et laissant une pigmentation modérée ; tous ces phénomènes sont caractéristiques de l'absorption des rayons chimiques.

Le coup de soleil siège sur les régions découvertes, non protégées par du pigment, et il est la conséquence d'une première exposition au soleil, le temps étant clair. Mais on peut le voir se développer à la mer et sur les glaciers, par un temps couvert, les rayons chimiques subissant une forte reverbération. L'exposition à une source électrique très intense provoque un *érythème photho-électrique* dont les caractères et l'origine sont les mêmes que pour le coup de soleil.

Les lésions sont caractérisées par une infiltration leucocytaire et une distension des faisceaux conjonctifs du derme, par l'état spongieux du corps muqueux, quelques cellules présentant même l'état cavitaire de Leloir, une moindre affinité colorante de la couche granuleuse et une exfolation de la couche cornée, qui se sépare de la couche granuleuse.

C'est Charcot (1), le premier, qui accusa les rayons chimiques d'être la cause de ces accidents, mais c'est Bouchard (2) qui l'a prouvé, dans une série d'expériences, et l'on peut dire : 1° que l'effet produit sur la peau est d'autant plus intense qu'on s'adresse à une région du spectre plus riche en rayons chimiques ; 2° que le temps nécessaire pour obtenir le même effet est d'autant plus court qu'on opère avec des rayons plus réfrangibles, plus voisins de l'ultra-violet. Les expériences de Widmarck (3), Hammer (4) et Finsen ont confirmé l'action particulièrement nocive, pour la peau, des rayons ultra-violets, et c'est d'ailleurs en partie sur ces propriétés qu'est basée la *Finsenthérapie.*

Les rayons abiotiques agissent dans la destruction des tissus, en coagulant les albumines cellulaires, comme l'ont prouvé les expériences de Raybaud.

Ces matières albuminoïdes du protoplasma sont à l'état colloïdal : sous l'influence des rayons ultra-violets, l'état colloïdal cesse et les grains d'albumine coagulée encombrent le protoplasma des cellules superficielles de l'épiderme, d'où mort des cellules.

La sensibilité individuelle est très intéressante à considé-

---

(1) Charcot. — *Soc. de Biol.*, 1859.

(2) Bouchard. — Recherches nouvelles sur la pellagre. *C. R. Soc. de Biol.*, 1877.

(3) Widmarck. — *Hygiène. Festband* 2, 1889.

(4) Hammer. — Ueber den Einfluss des Lichtes auf die Haut. *Stuttgart*, 1891.

rer, certains individus ayant facilement des coups de soleil et une prédisposition à se pigmenter. En outre, cette susceptibilité de la peau peut faciliter la production de lésions pathologiques cutanées par les rayons chimiques solaires. C'est ainsi que s'expliquent certaines affections dues à une susceptibilité congénitale (xeroderma pigmentosum et hydroa-vernal) ou bien acquise (eczéma solaire, éphélides) ; les unes sont spécifiques, les autres sont banales. Certaines maladies provoquent des lésions ou des troubles de la nutrition de la peau, à la faveur desquels celle-ci acquiert une sensibilité spéciale aux rayons chimiques solaires, déterminant des érythèmes spéciaux, comme dans la pellagre, ce qui lui a valu le nom de « mal del sol », ou exagérant des lésions préexistantes moins marquées sur les régions couvertes, comme dans la variole.

Les rayons chimiques ne produisent pas seuls des accidents cutanés, les rayons calorifiques, absorbés par la peau en trop grande quantité, peuvent produire des effets thermiques entraînant des phlyctènes, des brûlures, etc.

4° Actions sur le système vaso-moteur, le pouls et la pression artérielle

En dehors de l'action du soleil sur la peau elle-même, il se produit, comme nous l'avons déjà dit, une hypérémie par vaso-dilatation des capillaires, ce qui est une condition du meilleur fonctionnement des téguments. L'action congestionnante sur les vaisseaux de la peau entraîne la décongestion des vaisseaux profonds ; la peau s'œdématie, le tissu sous-cutané se relâche, les vaisseaux dilatés laissent transsuder des globules rouges, d'abord en petite quantité, puis en grand nombre : ils inondent les espaces lymphatiques agrandis, baignant les cellules des tissus sous-cutanés. L'oxygène passe par contact des globules rouges aux cellules tissulaires qui s'en emparent et en usent, d'où augmentation de l'élimination d'acide carbonique, comme l'ont montré Moleschott, Fubini, Hasselbach.

D'autre part, Fubini et Ronchi (1) ont trouvé que le déga-

(1) Ronchi et Fubini. — Variations de l'émission de CO^2 par un membre placé à l'obscurité et à la lumière. *Arch. per le Scienze med.*, 1879, I.

gement d'acide carbonique par la peau est plus intense à la lumière qu'à l'obscurité (113-100).

Ainsi les rayons chimiques ont agi non seulement sur les échanges de quelques cellules, mais sur tous les tissus et même sur l'accroissement des échanges respiratoires.

L'*action vaso-dilatatrice* du soleil ne se limite pas uniquement aux capillaires du derme, mais se fait aussi sentir sur les vaisseaux importants de l'intérieur, et l'on sait que la baisse de la pression artérielle est produite en général par la cure solaire.

L'étude des modifications du *pouls* et de la *pression artérielle* a été faite par de nombreux auteurs. Pour d'Œlsnitz (1), le nombre des pulsations est ordinairement augmenté immédiatement après l'insolation, mais une heure après il redescend au-dessous du chiffre initial.

Au début de la cure, il y a de grandes variations, de grands écarts, et ce n'est qu'au bout de quelque temps qu'il prend les caractères que nous venons d'indiquer. Si la cure est trop intense et trop rapide, il y a une diminution anormale et progressive du nombre des pulsations.

Chez un malade atteint de rhumatisme chronique déformant, que nous avons soumis à la cure solaire, nous avons noté des variations très légères du pouls, qui devient plus fréquent :

	avant la cure —	après la cure —
4 septembre	72 pulsations	76 pulsations
18 —	70 —	82 —
6 octobre.	78 —	86 —

Aimes (2) a aussi observé une accélération du pouls au bout de dix minutes de cure. Breiger (3), après irradiation par les rayons ultra-violets, a vu le pouls irrégulier et faible devenir régulier et ferme.

La *pression artérielle* baisse en général pendant l'irradia-

(1) D'Œlsnitz. — L'héliothérapie, son mode d'action, etc. *Journal Médical Français*, p. 451, 1913.

(2) Aimes. — L'héliothérapie. — *Thèse, Montpellier*, 1913.

(3) Breiger. — Die wissenschaftliche Begründung der Lichttherapie. — *Zeitsch. f. physik. u. diätet. Therapie.*, p. 722, 1911.

tion ; c'est ce qu'ont montré les recherches de LENCKEI, de BEHRING, de SPIRTOW, d'HASSELBACH, de NOGIER.

SPIRTOW (1) donne les conclusions générales suivantes : 1° La pression baisse progressivement sous l'action de la lumière rouge et verte et au rayonnement de la lumière diffuse du jour ; 2° avec les rayons rouges et verts, cette baisse se produit immédiatement, atteint son maximum après un temps variable, suivant les personnes, et présente jusqu'à la fin de l'expérience quelques variations ; 3° la pression, sous l'influence de la lumière bleue du jour, monte au début et après un temps court, mais elle ne baisse pas aussi vite qu'avec la lumière rouge et verte ; 4° la pression baisse à la lumière solaire, au début, très vite, ensuite plus lentement, de sorte qu'elle ne revient à son point de départ qu'après 10 minutes ; 5° la pression baisse progressivement par suppression de la lumière diffuse du jour, mais le maximum de cette baisse n'est pas grand et se rapproche du maximum des lumières bleue, rouge et verte ; 6° la pression baisse d'une façon également énergique par l'action des lumières verte et rouge après passage à l'obscurité, mais le début de cette baisse est plus faible qu'à la suite du rayonnement de ces mêmes couleurs après passage à la lumière solaire ; 7° après passage à l'obscurité, la pression monte sous l'action de la lumière colorée beaucoup plus lentement et à un degré moindre.

D'ŒLSNITZ a fait des recherches suivies et nombreuses sur les variations de la pression artérielle au cours de la cure solaire. D'après lui, elles sont très variables et l'on ne peut en déduire de lois générales, Il a constaté souvent une élévation de la pression différentielle après la cure ; il croit que les moindres changements atmosphériques, modifiant la cure, provoquent des réactions différentes de la pression ; en tous cas, les modifications, quand elles existent, restent toujours très légères.

Pour LENCKEI (2), la pression artérielle ne baisse au soleil

(1) SPIRTOW. — Ueber den Einfluss des farbigen Lichts auf den menschlichen Blutdruck *Russiche mediz. Rundschau*, 1907, n° 2.

(2) LENCKEI. — Die therapeutische Anwendung der Sonnenbäder. — *Zeitsch. f. physik. u. diätetisch. Therapie*, XI 1, p. 32.

que de 6 millimètres 5 ; la pression veineuse monte d'une quantité insignifiante et le travail du cœur ne varie pas.

Sur notre malade, nous avons recherché la pression artérielle avec le Pachon, avant, pendant et à la fin de la cure solaire.

	P. M. X.		P. M. n.		P. d.	
	avant	après	avant	après	avant	après
4 septembre...	11	11	6,5	6	4,5	5
18 —	12	12	7	6	5	6
4 —	13,5	12,5	7	7	5,5	4,5

D'après ces résultats, on ne trouve pas de variations bien nettes de la pression artérielle.

Aimes, au contraire, l'a vue baisser dans tous les cas.

On considère, en général, que le soleil et les rayons chimiques provoquent une baisse de la pression artérielle. Le soleil active la circulation générale, augmente en même temps que le nombre, l'ampleur et la force des contractions du cœur, en un mot, tonifie l'appareil circulatoire. Delachaux (1) insiste sur son rôle régulateur et sédatif, calmant la sensibilité nerveuse du cœur ; dans un cas, il aurait même vu disparaître un souffle orificiel, après plusieurs mois d'héliothérapie.

5° Actions sur les éléments du sang et l'hémoglobine

Le soleil agit aussi sur le sang et nous avons déjà vu combien nombreux étaient les rayons absorbés par les divers éléments du sang et quelles étaient les modifications observées expérimentalement chez l'animal.

D'après Rollier et Révillet (2), la cure solaire exerce une action particulièrement favorable sur *l'état du sang* dont la formule s'améliore. Manifestement, les globules rouges se multiplient, la proportion d'hémoglobine augmente et

(1) Delachaux. — Sur le traitement des maladies internes par l'héliothérapie locale. — *Congrès de Nice*, 1904.

(2) Révillet. — Effets curatifs du climat méditerranéen et l'héliothérapie locale. — *Congrès de Nice*, 1904.

dépasse même la moyenne, tandis que la poïkylocytose et l'anisocytose diminuent.

Lenckei trouve aussi une augmentation des hématies au soleil, alors qu'ils diminuent à la chaleur ; leur augmentation est plus grande proportionnellement que celle des leucocytes et bien que le nombre diminue après la cure solaire, il reste au-dessus du chiffre antérieur.

Pour Behring (1), il y a augmentation du nombre des globules rouges et du taux de l'hémoglobine, Des recherches très complètes de d'Œlsnitz sur les leucocytes, il ne ressort pas de lois générales ; il lui semble que le chiffre des leucocytes monte en général progressivement dans les heures qui suivent la cure solaire, dans les cas favorables, alors qu'il tend à baisser dans les cas où l'état général est plus atteint. Dans la grande majorité des cas, les polynucléaires suivent les mêmes variations que les leucocytes. Enfin, point sur lequel il insiste, il y a augmentation des éosinophiles au cours de la cure solaire.

Pour Bardenheuer (1), il y a augmentation des hématies et du taux de l'hémoglobine, d'abord rapide, puis lente, surtout chez les animaux. Les leucocytes augmentent d'abord de nombre, puis reviennent à la normale ; cette leucocytose est caractérisée d'abord par une polynucléose, puis par une lymphocytose.

Chez notre malade, nous avons pratiqué trois examens de sang.

	Erytrocytes	Leucocytes	Polynucl.	Eosinoph.	Lymphoc.	G.M.mon.	Hém.Gow.
	—	—	—	—	—	—	—
4 septem.	4.500.000	4.000	65 %	1 %	24 %	10 %	50 %
18 —	4.800.000	6.000	65 %	1 %	26 %	8 %	54 %
4 octobre	5.200 000	6.000	70 %	1 %	21 %	8 %	66 %

Chez ce malade, la cure solaire nous a semblé avoir une heureuse influence sur le sang, car les globules rouges et les leucocytes augmentèrent et le taux de l'hémoglobine s'éleva.

---

(1) Behring. — Uber die Wirkung der violetten u. ultra-violetten Lichtstrahlen. — *Mediz. naturw. Archiv.* 1907. 1.

(2) Bardenheuer. — Sur l'héliothérapie. *Soc. gén de méd. de Cologne,* 6 mai 1912.

6° Action sur l'œil

Un organe qui absorbe une certaine quantité de radiations solaires et dont l'étude est intéressante à faire chez l'homme, est l'œil.

On sait qu'il ne perçoit les rayons ni en deçà du rouge, ni au delà du violet, mais uniquement les rayons colorés ou lumineux du spectre solaire. Ceci est dû, non pas â ce que la rétine n'est pas impressionnée par les radiations de longueur d'onde plus petites que les radiations violettes par exemple, mais à ce que la rétine ne reçoit pas ces radiations plus réfrangibles, celles-ci étant absorbées par la cornée et le cristallin.

La lumière ordinaire du jour n'est pas nuisible pour l'œil sain et même pour l'œil malade. Si l'on fait abstraction des radiations ayant des propriétés calorifiques et actiniques, on peut dire que les rayons lumineux se bornent à augmenter ou à diminuer notre acuité visuelle ; ils agissent sur la rétine spécialement adaptée à eux, après avoir traversé des milieux qui ont une composition chimique possédant des propriétés absorbantes tout à fait remarquables pour la protection du fond de l'œil. La rétine est protégée, en particulier par le cristallin qui devient fluorescent sous l'action des rayons, comme l'a montré De Chardonnet (1). Or, la fluorescence est un phénomène qui permet de transformer les rayons en d'autres, ayant une longueur longueur d'onde plus grande, c'est-à-dire, par exemple, que les rayons ultra-violets qui sont, comme nous allons le montrer, très nocifs pour la rétine, sont transformés en rayons colorés inoffensifs. Ce rôle d'écran transformateur ne serait pas sans avoir un grand inconvénient pour le cristallin et Widmarck accusa les rayons ultra-violets, en dehors de troubles passagers, d'être la cause des cataractes séniles et des verriers.

Parmi les autres parties de l'œil, l'humeur vitrée est transparente pour les rayons ultra-violets comme l'eau distillée, ainsi que l'humeur aqueuse. La cornée, plus opaque que l'eau distillée, devient fluorescente sous l'action des rayons de la

---

(1) De Chardonnet. — Absorption des rayons ultra-violets par les milieux de l'œil. *Journ. de Physique*, 2e série, II, p. 219, 1883.

lampe de Kromayer et elle commence à être impressionnée vivement à partir des rayons de 3.600 A.

La choroïde possède une irrigation très abondante, grâce à son riche lacis de capillaires, dont le sang peut absorber beaucoup de radiations violettes. Aussi, pour se protéger, la choroide possède-t-elle des pigments abondants formant écran.

Les rayons lumineux agissent sur le pourpre rétinien qu'ils décolorent, alors qu'il est rouge dans l'obscurité (Boll). Il se passe un certain temps avant que la réaction lumineuse ait lieu, après que la rétine ait reçu les rayons lumineux ; nous percevons non seulement la notion de lumière, mais encore celle des couleurs.

Les réactions biochimiques rétiniennes se traduisent par la désassimilation de certaines matières au niveau des points irradiés, mais elles ne laissent aucune trace durable sur les cellules ; c'est que les rayons actiniques, dangereux pour l'œil, ont été arrêtés ou transformés.

Si la lumière solaire est anormalement intense, si l'aveuglement est causé par l'observation des éclipses de soleil (lésions dues essentiellement aux rayons de grandes longueurs d'onde qui brûlent la rétine) ou par éblouissement, par la neige, les éclairs, etc. (lésions causées par les rayons spectraux de courtes longueurs d'onde), ou si l'œil est privé de cristallin (cataracte opéré), on voit apparaître des accidents plus ou moins graves, surtout localisés au segment antérieur de l'œil. Ils ont été étudiés expérimentalement par Birsch-Hirschfeld (1) qui a montré au début l'hypérémie du segment antérieur, puis avec une plus grande intensité de la conjonctivite, du chémosis, des troubles cornéens, de l'iritis et de la cyclite. En général, les troubles rétiniens restent subjectifs : érythropsie (Defontaine) (2).

Si des lésions rétiniennes se produisent (scotomes fugaces et vrais, perception des couleurs complémentaires), elles sont dues, d'après Birsch-Hirschfeld, soit au développe-

(1) Birsch-Hirschfeld et Inouye. — Weitere Versuche über die Wirkung des ultra-violetten Lichts auf die Netzhaut. *Pflüger's Archiv.*, CXXXVI, p. 595.

(2) Defontaine. — Coup de soleil électrique. *Semaine Médicale*, 1888.

ment d'oxygène par les rayons ultra-violets, soit à l'action des rayons calorifiques accompagnant toujours les rayons ultra-violets et non absorbés par le cristallin ; les rayons concentrés par le cristallin peuvent provoquer une exsudation maculaire et choroïdienne.

Aussi faut-il savoir que lorsque l'on veut protéger ses yeux contre l'action des rayons chimiques du soleil, il faut porter soit des verres à l'esculine, les verres Fieuzal (verres verts), les verres Motais (verres jaunes, teinte 4), mais surtout les verres Euphos qui arrêtent les rayons au-dessous de $\lambda = 2.530$ A.

7° Action sur la température et la transpiration

A côté de ses actions sur une région limitée ou sur un tissu particulier, le soleil a une action générale sur l'économie et c'est en grande partie à cause de cette propriété qu'a été établie l'héliothérapie.

On peut se demander tout d'abord si l'exposition au soleil n'élève pas la *température* comme on pourrait le penser de prime abord. L'insolation peut, d'après RÜBNER et CRAMER (1), élever la température des chiens, et si le rayonnement provoque un échauffement trop considérable de l'air ambiant, la régulation thermique ordinaire du chien étant entravée, il se produit une très grande polypnée. Chez l'homme, cette polypnée ne se produit pas, parce que s'il est soumis à une haute température, il rétablit l'équilibre par une sudation très abondante.

Quant à l'élévation de température due à la cure solaire, les auteurs ne sont pas tous d'accord : c'est ainsi que pour WALSER, la température du corps au bain de soleil peut monter jusqu'à 40° et que, si après la cure on fait un enveloppement froid, la température de l'aisselle reste encore un degré au-dessus de la normale.

Suivant MALGAT (2) et MONTEUUIS (3), il y aurait bien une

(1) RÜBNER et CRAMER. — Einfluss der Sonnenstrahlung auf Stoffwechsel. Arch. Hyg., XX, p. 343, 1894.

(2) MALGAT. — Cure solaire à Nice, 1903.

(3) MONTEUUIS. — Bains d'air et de lumière dans la pratique journalière *Congrès de Nice*, 1907.

élévation légère et transitoire de la température, variant entre 0,2 et 0,7 suivant que le bain de soleil a duré 20 ou 45 minutes ; mais très rapidement la température revient à la normale. SPIRTOW, dans ses études, trouve une élévation de température de 0,2 dans l'aisselle, 0,3 sur les téguments et 0,3 dans le rectum. LENCKEI (1) fit les constations suiüantes, la température de l'air ambiant étant de 28°, la température du soleil de 49° :

	Avant la cure solaire	MODIFICATIONS APRÈS INSOLATION DE					Envelopp. d'une 1/2 heure	Résultat final
		1/4 d'h.	2 h. 1/4	3 h. 1/4	4 h. 1/4	5 1/4, 6 1/4		
Dans l'aiselle	36.6	+0,14	+0,07	+0,11	−0,06	−	+0,22	+0,48
Dans le rectum	37.3	−0.08	−0,02	+0,08	+0,04	+0,05	+0,14	+0,21
Sur la poitrine	34 1	+2,38	+0,09	−0,03	−0,10	—	+0,22	+2,66

D'ŒLSNITZ constate une ascension thermique immédiate, puis après le bain solaire une baisse partielle de la température qui reste légèrement au-dessus de la normale. AIMES considère la température axillaire comme peu variable, tandis que la température rectale s'élève de 3 à 4 dixièmes de degré. Au contraire, pour RILOW (2), tandis que la température superficielle monte, la température profonde baisse, et pour ROLLIER la température rectale ne subit aucune modification. SINGER (3) constate que la température rectale baisse pendant le bain de soleil, ce qu'observe aussi DVORETZSKY.

Si la température des téguments n'est que peu modifiée, c'est à cause de l'action refroidissante de l'air sur la peau, air toujours renouvelé, maintenant une gaîne fraîche autour du corps, et si, au surplus, les téguments sont légèrement échauffés, la température de l'intérieur du corps ne bouge pas ; en outre, il faut aussi tenir compte de la régulation par la sudation amenant un refroidissement par son évaporation.

(1) LENCKEI. — Die Wirkung der Sonnenbäder auf die Temperatur des Körpers. *Zeitsch. f. Physik. u. diätetisch. Therap.*, XI, 11, p. 654.

(2) RILOW. — Sur l'influence des bains d'air et de soleil sur la température du corps, sur le pouls, sur la pression artérielle, la respiration, la force musculaire et le poids. — *Journ. de Physioth.*, 15 oct. 1903.

(3) SINGER. — Bains d'air et de soleil. — *Journal de Physiothérapie*, 15 oct. 1903.

Cette transpiration, provoquée par le bain solaire, est en relation avec les rayons calorifiques du soleil. En dehors de son action régulatrice sur la température, elle a un rôle utile en éliminant une partie des produits toxiques ou des déchets organiques ; elle est un des moyens de défense de l'organisme.

8° Action sur les échanges respiratoires

Nous avons vu, au Chapitre précédent, l'intérêt que présente l'étude des *échanges respiratoires* au soleil qui les augmenterait. Ces faits, recherchés depuis longtemps, ne sont pas admis par tous les auteurs. Bouchard (1), Pettenkoffer et Voit (2) montrent que chez l'homme, l'oxygène consommé augmente la nuit, tandis que l'acide carbonique diminue ; il semble que l'organisme s'approvisionne d'oxygène la nuit et en consomme moins.

Hanriot et Richet (3), Bidder et Schmidt (4) ont aussi constaté la diminution de la production d'acide carbonique pendant la nuit. Wolpert (5) a fait des observations très intéressantes à ce sujet sur des hommes nus ou habillés, l'air étant au repos ; il a remarqué d'importantes modifications de la consommation d'oxygène et de dégagement de CO^2 :

		T^re de la chambre	T^re au soleil	Ventilat^r pulmon. p^r minute	O consommé p^r minute	CO^2 dégagé p^r minute	Quotient respiratoire
I Moyenne d'une expér.	Habillé à l'omb	20°,5	—	4,949	292	211,7	0,73
II — de 2 expér.	Habillé au soleil	22°	38°	6,376	336	212,4	0,67
III — d'une expér.	Nu à l'ombre.	25°	—	6,052	318,3	208,8	0,66
IV — de 2 expér.	Nu au soleil..	29°,7	40°,7	5,480	307,7	187,8	0,61

Wolpert ne considère pas comme prouvée l'augmentation

(1) Bouchard. — *C. R. Soc. de Biol.*, 1877.

(2) Pettenkoffer et Voit. — Annales de Chimie et Pharmacie, t. CLXI, p. 295, 1867.

(3) Hanriot et Richet. — Des échanges respiratoires chez l'homme. — *Tirage à part*, page 32, Paris.

(4) Bidder et Schmidt. — Verdauungssäfte u. der Stoffwechsel. — *Leipzig*, 1852, p. 317.

(5) Wolpert. — Einfluss der Besonnung auf den Gaswechsel der Menschen. — *Arch. Hyg.* XLIV, p. 323, 1902.

des combustions ; il pense qu'elle est plus en rapport avec le courant d'air et l'abaissement de la température qu'avec le soleil.

Pour Lenckei, la fréquence de la respiration diminue au soleil, à l'encontre des autres moyens de physiothérapie par la chaleur, et les mouvements respiratoires deviennent plus fréquents.

H. Salomon (1) soumet un individu gras, à jeun, à l'influence de la lumière d'une lampe à arc de 10 ampères et d'une force de 100 bougies ; il fait les constatations suivantes :

	O consommé par minute	CO^2 expiré par minute	Quotient respiratoire
	—	—	—
Avant l'épreuve, à la lumière diffuse du jour	249,8	187,3	0,749
Irradiation de 20 min.	249,7	196,2	0,785
Après l'épreuve.......	233,2	164 5	0,705

Et il trouve qu'il n'y a pas actuellement une seule expérience permettant de conclure sûrement à l'augmentation des oxydations à la lumière.

J. Speck (2) fit une expérience sur lui-même ; il se tint assis sur une chaise, les yeux tantôt ouverts, tantôt fermés ; il observe à la lumière une augmentation de la fréquence et de la profondeur de la respiration, ce qui traduit une augmentation de la consommation d'oxygène en proportion de 100-101 et de l'acide carbonique en proportion de 100-101. Ces modifications sont donc à peu près négligeables, et le seul effet de la lumière a été de produire un changement dans la mécanique respiratoire. Mais cette expérience n'a pas paru aux auteurs à l'abri d'erreurs, les mouvements musculaires étant en partie réglés par la volonté. Pour Aimes, le nombre des respirations s'accroît de 6 à 8, puis reste stationnaire. Fubini et Ronchi ont constaté une augmentation de l'acide carbonique exhalé au soleil dans la proportion de 100-113. Pour d'Œlsnitz, l'inso-

(1) H. Salomon. — Licht in seiner Einwirkung auf die Stoffwechsel vongänge, p. 613, v. Noorden's Handbuch der Pathologie des Stoffwechsels, 1907.

(2) J. Speck. — Physiologie des menschlichen Atmens. — *Leipzig*, 1895. XII p. 146.

lation élève temporairement le nombre des respirations, qui tombent au-dessous du chiffre initial, une heure après la cure.

Zuntz (1), sur le pic de Téneriffe, observe, au cours du bain de soleil, le corps habillé, une diminution du nombre des respirations, une augmentation de leur profondeur ; le volume de l'air inspiré, ainsi que la tension alvéolaire, est très peu diminué ; la consommation d'oxygène est un peu augmentée. En réalité, les changements dans les processus d'oxydations organiques sont peu marqués.

Nous avons, chez notre sujet, examiné les échanges respiratoires et nous avons trouvé :

	6 septembre (avant la cure)		7 septembre (après la cure)		20 octobre	
	—		—		—	
Pouls	68		68		81	
Respirations	20		20		26	
Capacité respiratoire.	2.610		2 610		2.610	
Valeur de l'expiration moyenne	292 cc.		268		270	
CO^2 produit	3.2 %		3,5 %		2,8 %	
O total consommé	4.4 %		4,7 %		3,8 %	
	p. minute	par kilo	p. minute	par kilo	p. minute	par kilo
Ventilation pulmon.	5.580cc	112	5.370	103	6 719	124
CO^2 produit	187,2	3,6	188	3,6	188,1	3,5
O total consommé	257,4	4,9	252,4	4,8	255,3	4,7
O absorbé p[r] les tissus	70,2	1,3	64,4	1,2	67,2	1,2
Echanges totaux		8,5		4,8		8,2
Quotient respiratoire.	0,750		0,744		0,736	
Poids	52 kilos		52 kilos		54 kilos	

Il y a donc, à la suite de la cure solaire, une augmentation du nombre des respirations, mais malgré cela les échanges respiratoires n'ont pas été modifiés.

Il n'y a donc pas entente entre les auteurs et l'on peut se demander si dans les cas où l'on a eu augmentation des

(1) Zuntz. — La lumière et la tuberculose. *VIIe Congrès de la tuberculose, Rome,* avril 1912.

échanges respiratoires, ce phénomène n'était pas sous la dépendance d'une autre cause que le soleil.

PFLUGER et LOEB pensent que l'augmentation des oxydations est sous la dépendance du refroidissement des téguments par l'évaporation de la sueur ; ce refroidissement agirait soit par lui-même, soit par les mouvements qu'il entraîne ; ou bien elle dépend de l'excitation des nerfs périphériques par la lumière solaire entraînant des mouvements musculaires réflexes.

Quant à savoir quels sont les rayons qui agissent sur les oxydations, on pense, en général, que les rayons bleus et violets agissent sur les échanges. Pour SELMI et PIACENTINI (1) et R. POTT (2), au contraire, ce sont les rayons jaunes. De toutes ces recherches, on ne peut donc pas affirmer l'accroissement des échanges respiratoires, mais tous les auteurs semblent d'accord pour affirmer l'augmentation du nombre des respirations.

9° Action sur les échanges azotés et sur le poids

Les recherches sur les échanges azotés à la lumière solaire sont très peu nombreuses. Pour GRAFFENBERG (3) il ne semble pas que le soleil influence les échanges azotés. Pour ALBERT ROBIN et BINET (4), les oxydations azotées ou l'utilisation azotée sont, sinon plus actives, du moins plus complètes la nuit que le jour : c'est ce qui se traduit pour BOUCHARD par la toxicité plus grande des urines du jour. Malgré cette pauvreté de renseignements, on considère en général que la nutrition azotée est favorisée par la lumière. C'est ainsi que le poids augmente rapidement. RÉVILLET obtint un accroissement de 4 kilos en 8 mois de traitement. Cependant MONTEUUIS montre qu'immédiatement après la cure solaire, il y a une légère diminution de poids qui sera compensée largement à la fin du traitement. LENCKEI rattache cette baisse du poids durant

(1) SELMI et PIACENTINI. — *Hoppe Seyler Phys. Chem.*, p. 53.

(2) R. POTT — Untersuchungen über die Mengenverhältnisse der durch die Respiration ausgeschiedenen Kohlensäure. Hoppe Seyler's Phys. Chem., p. 573.

(3) GRAFFEMBERG. — Pflüger's Archiv., LII, p. 238, 1892.

(4) A. ROBIN et BINET. — Des effets du climat marin et des bains de mer sur la nutrition. *Congrès de Biarritz*, 1903.

le bain solaire à la sudation, et si le bain de soleil est bien dirigé, cette perte de poids peut être insensible.

Notre malade, en un mois, a eu une augmentation de poids de 2 kilos ; nous avons recherché chez lui les modifications des échanges généraux et nous avons pratiqué 2 examens d'urine, l'un avant la cure, l'autre après :

	6 septembre	14 novembre
Volume	2.000 cc.	1.800 cc.
Densité	1.017	1.016
Acidité apparente (en acide phosphorique)	2,00	1.80
Acidité réelle (en acide phosphorique)	4,00	3.60
Urée	24,00	22.36
Acide urique	0,42	0,45
Corps puriques (en acide urique)	0,30	0,28
Azote total	13,40	12,20
— de l'urée	11,14	10,40
— de l'acide urique	0,14	0,15
— des matières extractives	2,12	1,89
— des acides aminés	0,40	0,32
— des sels ammoniacaux	0,30	0,34
Matières extractives azotées	5,30	4,57
Acide phosphorique total	1,90	2,20
— — combiné aux alcalis	1,40	1,60
— — — terre.	0,50	0,60
Chlorure de sodium	12,80	11,80
Résidu organique	34	36,20
— inorganique	18	17,30
— total	52	53,50
Rapport de l'urée au résidu total	46 p. 100	41 p. 100
— de l'azote de l'urée à l'azote total	83	85,20
— de l'azote aminé à l'azote total	3	2,6
— du résidu inorganique à l'azote total (coeff. de mobilisation azotée)	1,34	1,29
Rapport de l'acide urique à l'urée	1,80	2,01
— de l'azote urique à l'azote total (coeff. d'activité leucocytaire)	1.	1.22
Rapport du résidu organique au résidu total (coeff de déminéralisat. totale)	34 p. 100	32 p. 100
Rapport des chlorures au résidu sec (coeff. de déminéralisat. plasmatique)	24	22

Sans trouver de modifications bien nettes, on peut tout de même remarquer une meilleure utilisation de l'azote, avec une activité leucocytaire plus marquée. Il semble qu'il y ait une légère amélioration du métabolisme azoté.

10° Comment expliquer l'action du soleil sur l'organisme

Cherchons maintenant à comprendre le mécanisme qui permet au soleil d'agir sur l'organisme et d'y provoquer dans l'intimité des tissus, toutes les modifications importantes que nous venons de décrire.

Plusieurs théories ont essayé d'expliquer ce mécanisme.

Pour FINSEN, ce sont surtout les rayons chimiques qui jouent le rôle utile ; ces radiations sont absorbées par le sang périphérique et, à travers la circulation, elles vont provoquer les oxydations organiques, activer la nutrition, en un mot, apporter à chaque cellule l'énergie considérable dont elles sont détentrices. Il s'appuie, pour prouver l'absorption des rayons chimiques par le sang, sur une expérience très simple ; il tâche d'impressionner une plaque à travers le pavillon de l'oreille et il n'y arrive pas en 5 minutes ; mais si, au contraire, il fait une compression suffisante pour produire l'ischémie de l'oreille, alors en 20 secondes, la plaque est impressionnée. C'est donc que les rayons chimiques ont été arrêtés par l'écran que formait le sang dans les vaisseaux de l'oreille.

Dans des expériences sur la main, le bras, l'avant-bras, BUSK (2) arrive à la même conclusion.

Pour CARNOT, l'action de la lumière solaire s'explique par l'absorption des vibrations moléculaires de la lumière par les lipochromes ou cellules pigmentaires qui se trouvent dans la peau et dans le sang ; ces derniers diffusent dans l'organisme l'énergie radio-active du soleil.

Pour MALGAT, les radiations solaires agissent directement dans l'intérieur du corps, puisqu'elles le traversent

---

(1) FINSEN. — La photothérapie. — *Paris*, 1899.

(2) BUSK. — Beitrag zu den Untersuchungen über die Durchstrahlungsmöglichkeit des Körpers. Mitteil. aus Finsen's Institut. — 4.

de part en part ; c'est directement qu'elles interviennent dans les oxydations. Dans ses expériences, dont nous avons parlé plus haut, où il fait impressionner une plaque par les rayons solaires qui viennent de traverser le corps d'une femme, il peut même connaître la quantité de radiations absorbées et utilisées, en faisant la différence entre la quantité de rayons qui pénètrent dans le corps et la quantité qui en sortent.

Pour Chiais (1), la cure solaire forme un véritable traitement électrique dont la puissance, provoquant des modifications dans l'intimité des cellules, est due à l'immense multitude de chocs produits sur le corps humain et dont une grande partie s'amortit en se transformant en un travail moléculaire intérieur.

Pour Miramond de Laroquette (2), l'action du soleil est due à l'absorption et à l'assimilation de l'énergie rayonnante par le protoplasma cellulaire ; celui-ci y trouve une recharge dynamique qui excite les diverses fonctions de la nutrition générale, il y a excitation des propriétés physiologiques normales.

Pour Bouchard et Charrin, c'est « par l'intermédiaire du système nerveux, régulateur par excellence de toutes les fonctions trophiques, que la lumière peut accélérer, ralentir ou inhiber les actes de la vie cellulaire ».

On voit qu'à l'heure actuelle le mode d'action intime des radiations solaires n'est pas encore affirmé et l'on ne peut rattacher telle ou telle action à un groupe particulier de radiations.

11° Le rôle particulier de chaque radiation

« Nous ne sommes pas autorisés, dit d'Œlsnitz, à attribuer en toute certitude à telle ou telle fonction du spectre solaire, suivant les propriétés lumineuses, calorifiques et chimiques, une action élective sur l'organisme et une part prépondérante dans les effets thérapeutiques de la lumière solaire. »

---

(1) Chiais. — Rapport sur le traitement solaire. — *Congrès de Cannes*, 1907.

(2) Miramond de Laroquette. — *Paris Médical*, p. 191, 1913.

Les *radiations colorées*, la lumière proprement dite, ne semblent pas avoir de rôle particulier en biologie ; elles participent seulement aux diverses actions, sans en avoir une seule directement sous leur dépendance, en dehors de leur action sur la rétine.

Les *radiations chimiques* jouent un rôle primordial dans l'action microbicide et pour certains auteurs, dans les échanges locaux et généraux, dans les modifications de la pression artérielle et de l'état général, mais il est certain qu'elles ne sont pas pénétrantes et ne peuvent agir que superficiellement ; pour agir profondément, il faut qu'elles soient transformées, peut être dans les pigments cutanés comme l'ont soutenu Rollier et Rosselet ; cependant Finsen continue à les considérer comme les promoteurs de vie et d'énergie.

Les *rayons calorifiques* semblent jouer aujourd'hui le rôle le plus important, car ils sont pénétrants et peuvent agir dans la profondeur de l'organisme ; c'est à eux que sont dûs les élévations de la température et la vaso-dilatation. Comme le font remarquer Miramond de Laroquette et Révillet, les rayons calorifiques déterminent l'hypérémie, amenant une action semblable à celle d'une méthode de Bier active qui entraîne une circulation du sang plus intense à la périphérie, décongestionnant les vaisseaux profonds, provoquant la sudation et par là éliminant les produits toxiques qui encombrent l'économie et par son évaporation abaissant la température ; elle augmente la phagocytose d'où facteur cicatrisant et peut être action microbicide, comme l'a soutenu Werner.

C'est aussi à cette circulation plus active que sont dûs l'augmentation des échanges, l'amélioration de l'état général, en un mot la plus grande partie de l'action bienfaisante de la cure solaire.

12° Actions thérapeutiques de la cure solaire

Le soleil produit, dans une cure bien dirigée, des effets très nombreux, que nous pouvons passer en revue rapidement, maintenant que notre étude sur l'action biologique de la lumière solaire, nous permet de comprendre le mécanisme et les résultats. Nous ne ferons que compléter sur quelques points les notions que nous avons actuellement acquises.

L'action bienfaisante du soleil qui se manifeste le plus rapidement et le plus nettement, est *l'action sédative* sur le système nerveux central, sur l'idéation. Elle est bien connue et il suffit de voir que dans la nature tous les êtres vivants sont dans la joie lorsque le soleil luit, dans la tristesse lorsqu'il se cache, « c'est un véritable deuil quotidien » (NOGIER).

La gaîté, l'exubérance des peuples habitant les pays du soleil doit être opposée au flegme et à la froideur des peuples du nord.

L'action de la lumière se manifeste sur le caractère. Il est bien connu que la lumière rouge est excitante, tandis que la verte et la bleue sont calmante (SAVARY) ; on a même pu employer la lumière bleue pour calmer les aliénés agités (DONZÉ). La lumière solaire et la lumière rouge augmentent la puissance musculaire des individus et, par là même, le travail (CH. FÉRÉ (1). Pour PISANI, la lumière bleue permet d'accroître le travail musculaire, et GRIESBACH montre que le travail manuel fatigue plus les aveugles que ceux qui voient. Les Américains, dans leurs études récentes, sur le Taylorisme, ont tiré de tous ces faits des indications intéressantes pour l'économie industrielle.

Les opérations sur les yeux, obligeant à rester un certain temps dans l'obscurité, peuvent provoquer des délires plus ou moins graves (SCHMIDT, RINGLER, PONCET, FRANKEL).

Le travail intellectuel est très favorisé par la lumière solaire.

Il semble en résumé que le soleil soit un agent sédatif puissant pour le système nerveux, en même temps qu'un tonique pour l'appareil musculaire et pour le cerveau pensant. Cependant, la cure solaire semble être un calmant moins énergique que les autres moyens thérapeutiques par la chaleur (LENCKEI).

C'est de l'action sédative que découle *l'action analgésiante* du soleil. C'est un des faits les plus intéressants de la cure solaire de voir la rapidité avec laquelle disparaissent, non

---

(1) FÉRÉ. — Accidents produits par la lumière électrique. *Semaine Médicale*, 1889, p. 180.

(2) PISANI. — Action biologique de la lumière électrique bleue sur le travail musculaire. *Ann. d'Electr. Méd.* II, n° 8.

seulement les douleurs spontanées, mais encore les sensibilités locales. La cure solaire ne se contente pas de supprimer la douleur, elle donne encore à l'individu une sensation de bien-être extraordinaire, une euphorie tout à fait particulière que doivent connaître les lazzaroni de Naples. Cet état de bonheur, de tranquillité, tient à l'action tonique du soleil sur l'état général, sur les fonctions respiratoires et circulatoires et sur la nutrition, action qui permet d'utiliser, avec un rendement merveilleux, les matériaux mis à la disposition de l'organisme, augmentant l'appétit, activant les échanges, brûlant, en les oxydant, les déchets et les éliminant complètement, car la diurèse et la sudation sont augmentées. « Le soleil est un véritable aliment », a dit MONTEUUIS, et nous n'en voulons pour preuves que l'alimentation extraordinairement réduite des peuples méridionaux et surtout des arabes et des nègres ; pour un rendement égal, l'alimentation sera très réduite pour les peuples vivant sous le soleil, beaucoup plus élevée pour les peuples des pays brumeux.

Une autre preuve de *l'action tonique* du soleil est la robustesse du paysan vivant continuellement à l'air et au soleil, opposée à l'aspect chétif de l'ouvrier citadin.

Le soleil a un rôle indéniable sur *la fonction génitale* ; on sait que, dans les pays de soleil, la menstruation devance de plusieurs années la menstruation des pays du Nord, et il semble bien que le soleil soit le principal facteur de la précocité sexuelle.

Il a aussi un *rôle hémostatique* des plus nets, comme l'ont montré les observations de ROLLIER, GUIBERT, BADIN, où des métrorrhagies se sont arrêtées à la suite de la cure solaire, ce qui s'explique par son action tonique sur le système musculaire et le système nerveux.

Le soleil présente une *action résolutive et sclérogène* ; il fait pour ainsi dire fondre les inflammations et favorise le processus de cicatrisation. Ce rôle est fonction de l'action de la cure solaire sur la phagocytose et sur la vaso-dilatation ; les leucocytes prolifèrent et détruisent par phagocytose les substances nocives ; la circulation est activée et les exsudats drainés disparaissent. Le tissu conjonctif excité tend à réparer les désordres, d'où sclérose. A côté de cette action sclérogène, il faut placer *l'action cicatrisante* du soleil sur les plaies atones, qui doit être rapportée aussi à la leucocytose.

Les tissus insolés ont, en plus, une propriété spéciale, celle d'éliminer les corps étrangers : séquestres osseux, ganglions (ROLLIER, FRANZONI).

C'est encore la leucocytose qui provoque *l'action microbicide* du soleil ; la phagocytose entraîne une augmentation du potentiel phagocytaire, une diminution, puis une abolition par la lumière solaire de la vitalité des microbe et de leurs toxines, ensuite la régénération des tissus par la fixation des cellules jeunes.

Cette action microbicide est due aux rayons qui ont traversé le corps de part en part, comme l'ont prouvé MALGAT, KIME et HORTATLER (1). Un malade tuberculeux insolé crache moins de bacilles après la cure solaire et, au bout de quelques mois, n'en crache plus. De même, les plaies infectées, soumises à l'action solaire, se détergent et guérissent vite.

En dehors de l'action affaiblissante sur les toxines microbiennes, le soleil favorise *l'élimination rapide* de ces poisons par la sueur et l'urine.

Enfin, le soleil, par ses radiations de plus courtes longueurs d'onde, a une *action destructive* sur les cellules et particulièrement les cellules malades (lupus, cancer), coagulant, puis désagrégeant les albumines du protoplasma.

Il nous faut dire un mot des modifications que peuvent apporter les vêtements à la pénétration des rayons solaires.

Cette question a été étudiée par BOUBNOFF (2), qui conclut que les vêtements, aussi bien d'origine animale que végétale, sont perméables, que les étoffes non colorées sont plus facilement traversées que les colorées, que les noires sont à peu près imperméables. La perméabilité des tissus aux rayons n'a aucun rapport avec la perméabilité des mêmes tissus à l'air ; elle dépend surtout de la couleur des étoffes, de leur épaisseur et varie peu, suivant l'origine des rayons ;

(1) KIME et HORTATLER — Light as a remedial agent. *Med. Rev.. N.-York*, 1900.

(2) BOUBNOFF. — Ueber das Permeabilitätsverhältnis der Kleïderstoffe für chemisch wirkende Sonnenstrahl. Arch. f. Hyg., X, p. 335, 1890.

elle est égale, suivant que les rayons proviennent de la lumière diffuse du jour ou de celle du soleil ; c'est aussi l'opinion de LENCKEI.

13° Accidents causés par le soleil

La cure solaire doit être dirigée avec soin et intelligence, car, si l'on peut obtenir les résultats que nous venons de décrire, on peut aussi, par manque de soin ou erreur de posologie, provoquer des accidents sérieux. A côté des accidents locaux dûs aux rayons chimiques (coup de soleil) et des accidents oculaires dûs aux rayons lumineux, que nous avons décrits antérieurement, le soleil trop intense peut, dans certaines conditions, entraîner des accidents généraux dûs aux rayons calorifiques : *l'insolation* et le *coup de chaleur*.

L'insolation est causée par l'action des rayons sur la tête, la nuque, les centres nerveux, tandis que le coup de chaleur est dû au surchauffement général de l'organisme.

La pathogénie de ces accidents est expliquée par l'hyperthermie, constituant un poison calorique exerçant son action sur les centres nerveux et les nerfs cardiaques.

Pour que ces accidents se produisent, il faut que certaines conditions prédisposantes leur soient associées : la fatigue, la compression dans des vêtements trop serrés, la gêne respiratoire.

14° Conclusions

1° Le soleil provoque, par son action journalière, une pigmentation des parties découvertes de la peau, variant comme teinte avec l'intensité des rayons solaires. Cette pigmentation peut-être provoquée, non seulement par les rayons directs, mais même par les rayons réfléchis (hâle).

2° Cette pigmentation a des rôles multiples : elle tamise les rayons solaires, permettant aux rayons bienfaisants de pénétrer dans le corps, absorbant les rayons dangereux. Ces rayons absorbés sont eux-mêmes transformés en rayons de plus grandes longueurs d'onde, qui peuvent à leur tour être utilisés. En outre, elle agit activement dans la défense de l'économie contre les infections.

3° Si le soleil est trop intense et que la peau n'est pas encore pigmentée, il se produit alors un érythème avec lésions des cellules de la couche superficielle de la peau ; c'est le coup de soleil auquel succède la pigmentation.

Sur des peaux anormales, le soleil peut être la cause de diverses lésions.

4° Le soleil a une action vaso-dilatatrice sur les vaisseaux superficiels, entraînant l'hypérémie de la peau et une meilleure nutrition des téguments.

Grâce à cette action, le pouls devient plus fréquent et la pression artérielle s'abaisse un peu, mais ces actions ne sont pas constantes. En tout cas, la lumière solaire semble tonifier l'appareil circulatoire.

5° Le soleil augmente, en général, le nombre des globules rouges, des leucocytes et, en particulier, les polynucléaires éosinophiles. Le taux de l'hémoglobine s'élève aussi et ces résultats sont surtout marqués chez les anémiques. Enfin, le pouvoir phagocytaire est accru.

Le sang, en absorbant l'énergie solaire, est un des agents les plus puissants de sa propagation à travers l'économie.

6° Les rayons lumineux du soleil sont perceptibles par l'œil ; ce sont eux qui donnent la vision. Les rayons non colorés, de courtes longueurs d'onde, qui seraient dangereux pour la rétine, sont transformés par le cristallin fluorescent en rayons de plus grandes longueurs d'onde. Mais si les rayons ultra-violets sont trop nombreux, comme ils peuvent provoquer des lésions oculaires, il faut se protéger par des verres jaunes ou verts.

7° La température du corps ne s'élève pas ou presque pas au soleil, grâce à la gaîne d'air refroidissant, toujours renouvelée, et à la sudation provoquée par les rayons calorifiques. Cette transpiration joue aussi un rôle de défense en éliminant les toxines.

8° Il est classique de considérer le soleil comme augmentant les échanges respiratoires, mais cela n'est pas prouvé. Ce qui est certain, c'est qu'il augmente la ventilation pulmonaire et le nombre des respirations.

9° Les échanges généraux seraient favorisés par le soleil et la fixation azotée se traduit par une augmentation de poids.

10° De nombreuses théories ont essayé d'expliquer la manière dont la lumière solaire agit dans l'organisme : action directe des rayons transmis par le sang ; action indirecte par l'intermédiaire des pigments du protoplasma, dont les propriétés physiologiques normales sont augmentées ; action par l'intermédiaire du système nerveux. Il est probable que le soleil n'agit pas d'une seule façon.

11° Les rayons colorés agissent surtout sur la vision. Les rayons chimiques, qui sont peu pénétrants, ont un pouvoir microbicide intense, provoquent la pigmentation et, pour Finsen, agissent sur la nutrition générale, étant les promoteurs de vie et d'énergie.

Les rayons calorifiques, qui sont pénétrants, sont considérés actuellement comme très importants ; ils provoquent les modifications circulatoires utiles ; ils augmentent les échanges respiratoires et généraux et, pour Werner, ils auraient même un pouvoir microbicide.

12° La cure solaire produit :

Une action calmante sur l'idéation, donnant une sensation d'euphorie particulière ;

Une action analgésiante ;

Une action tonique sur l'appareil musculaire ;

Une action tonique sur l'état général, étant le meilleur reconstituant et augmentant l'appétit ;

Une action résolutive et sclérogène sur les abcès, affections osseuses et articulaires tuberculeuses, les plaies, etc. ;

Une action éliminatrice pour les séquestres osseux, ganglions, etc. ;

Une action hémostatique ;

Une action tonique sur l'appareil génital ;

Une action microbicide ;

Une action anti-toxique.

13° Les rayons solaires traversent la plupart des étoffes animales et végétales. On doit, dans la cure solaire, porter des vêtements blancs, très facilement perméables.

14° Si les rayons calorifiques sont trop intenses, ils peuvent produire l'insolation et le coup de chaleur.

CHAPITRE VI

LES MODALITÉS DE LA CURE SOLAIRE

L'Héliothérapie Marine.

Pour appliquer la cure solaire, il ne faut pas seulement tenir compte de l'arrivée des rayons du soleil, mais encore des conditions dans lesquelles on reçoit ces rayons. Il est certain qu'un adjuvant nécessaire est l'air dont le renouvellement continu est utile pour empêcher l'élévation trop rapide de la température des téguments et qui active les échanges généraux de l'organisme, dans de certaines conditions. Mais il faut éviter avec soin de placer le malade dans des courants d'air qui auraient un effet néfaste.

Le bain de soleil doit-il être ordonné à l'altitude, à la mer ou dans la plaine, c'est une question qui a provoqué de nombreuses discussions ?

1° L'héliothérapie à la montagne

Les partisans de la montagne, s'appuyant sur ce que les rayons chimiques sont arrêtés en partie par l'atmosphère, prétendent que les rayons ultra-violets biotiques n'arrivent à la terre qu'en quantité négligeable dans la plaine ; que plus de 10 o/o des radiations solaires sont ainsi interceptées. A l'altitude, l'intensité du rayonnement serait supérieure, non seulement à cause de la moindre épaisseur de l'atmosphère, mais aussi de l'extrême rareté des vents, de la sécheresse de l'air, de l'absence de poussières.

En plus, Nogier (1) pense que l'ischémie artérielle produite par la température extérieure plus basse, facilite la pénétration de la peau par les rayons solaires.

Les auteurs suisses assurent que le soleil a un pouvoir de destruction sur les cellules malades et de reconstruction pour les cellules nouvelles, beaucoup plus puissant à la montagne que dans la plaine.

2° L'héliothérapie marine

Mais les partisans de l'héliothérapie marine ont beau jeu quand ils soutiennent l'utilité de la cure solaire au bord de la mer, car de nombreuses preuves montrent que l'intensité du soleil, dont les rayons sont renforcés par la réverbération au niveau de la mer, est égale au moins à celle de l'altitude, et Calvé (2) considère même que le pouvoir actinique s'exerce au maximum à la mer.

Les avantages que l'on trouve à l'héliothérapie marine et à la cure méditerranéenne, sont la grande transparence des régions supérieures de l'atmosphère, due à l'absence des poussières et la grande rareté de la vapeur d'eau dans les couches inférieures de l'atmosphère, d'où absence de brouillards et de nuages, si fréquents à la montagne. A Nice, les jours nuageux sont dans la proportion de 1 à 3 ; or, les brouillards peuvent arrêter de 58 à 92 o/o des rayons solaires (Bartoli et Stracciati). Ces conditions font qu'à Nice, il y a plus de rayons chimiques que dans les montagnes.

En 50 ans, à Menton, il y a eu, en moyenne, 23 jours par mois où le soleil est resté visible la moitié de la journée ; pendant l'hiver et le printemps, on dispose, 2 jours sur 3, de 5 à 12 heures de soleil. Si on compare ce qui se passe à Menton et dans les stations suisses, on voit que dans les 3 mois du trimestre : mars, avril mai, il y a eu le même nombre de jours légèrement couverts (14) et de jours nuageux (18) ; mais tandis qu'à Menton il y a eu 42 jours de soleil, à

---

(1) Nogier. — Les bases scientifiques de la thérapeutique par la lumière. *Avenir Médical.* N^os de mars, juin, juillet, août, octobre 1913.

(2) Calvé. — De l'importance des hôpitaux marins dans le traitement des tuberculoses chirurgicales. *Rapport au Congrès de tuberculose, Rome,* 1912.

l'altitude, il n'y en a eu que 32 ; il a plu 17 jours à Menton et 27 jours en Suisse (BORRIGLIONE) (1). TEYSSEINE trouve une moyenne annuelle de 209 jours ensoleillés à Nice.

A la mer, il y a une grande polarisation de la lumière marquée par l'abondance de la lumière bleue ; or, la polarisation est en rapport avec l'intensité de la lumière (CORNU) (2). MALGAT (3) insiste beaucoup sur cette grande quantité de rayons bleus à Nice, dus à la réverbération de la mer et des rochers ; « l'on vit, dit-il, dans une ambiance bleue » ; la limpidité habituelle du ciel crée un éclairage exceptionnel pour la latitude, si bien que l'on a pú dire : « il est des pays aussi tempérés, il en est peu d'aussi lumineux ».

L'action spéciale de la mer sur la lumière est intéressante à considérer ; la réflection des rayons solaires par la mer est très intense et se fait de tout côté, comme par un miroir, mais une partie des rayons sont absorbés par la mer ; ce sont les rayons rouges et infra-rouges, d'après HANN (4), tandis que la plus grande partie des rayons jaunes, bleus et violets sont réfléchis et l'action microbicide en est augmentée.

Les plages de sable réfractent aussi les rayons solaires, augmentant la quantité de lumière diffuse.

Ce sont pour toutes ces raisons, qu'au bord de la mer, les coups de soleil sont fréquents, même par temps gris. Il est vrai qu'à la montagne, la neige et la glace possèdent aussi un pouvoir de réverbération considérable : mais cette condition n'est que rarement remplie, car la neige ne tient jamais très longtemps (2 à 3 mois), sur les stations d'altitude où l'on pratique la cure solaire.

Mais, il ne faut pas seulement tenir compte de la lumière venue directement du soleil ; il faut aussi considérer la lumière diffuse, dont les rayons ont été réfléchis par le ciel. Cette lumière diffuse atteint 10 à 20 °/₀ des rayons directs et

---

(1) BORRIGLIONE. — Contribution à l'étude du traitement des tuberculoses chirurgicales par l'héliothérapie sur le littoral méditerranéen. *Thèse Paris*, 1905.

(2) CORNU. — Observations des limites ultra-violettes du spectre solaire à diverses altitudes. *C. R. Acad. des Sciences*, t. 89. p. 808.

(3) MALGAT. — Cure solaire de la tuberculose. *Baillière, Paris*, 1911.

(4) HANN. — *Handbuch der Klimatologie*, 1897.

la quantité de lumière diffuse augmente avec l'état brumeux de l'atmosphère.

D'après les recherches d'Exner, rapportées par d'Œlsnitz (1) on peut conclure que :

« 1° L'intensité lumineuse du soleil et du ciel diminue avec la distance du soleil au zénith, très peu pour la lumière du ciel, énormément pour la lumière solaire.

2° L'intensité de la lumière solaire est en raison inverse de l'absorption atmosphérique ; c'est le contraire pour les rayons solaires.

Donc, le rapport de l'intensité solaire à l'intensité de la lumière diffuse, varie en raison inverse de l'absorption atmosphérique et de la distance du soleil au zénith. »

L'intensité et le nombre des rayons de plus courtes longueurs d'onde bleus, violets et ultra-violets, est plus grande dans la lumière diffuse que dans la lumière solaire directe ; quant aux rayons rouges, ils sont aussi nombreux dans les 2 lumières.

L'intensité de la lumière diffuse est plus de trois fois supérieure en pleine mer. « En accord avec ces mensurations, dit Abbot (2), au niveau de la mer, le ciel fournit sur une surface horizontale une quantité de radiations égale à 32 °/₀ de celles que fournit la lumière solaire directe. A une altitude de 1.800 mètres, le ciel fournit seulement une quantité de radiations égale à 7,2 °/₀ de celles que fournit la lumière solaire directe. »

Dans des expériences faites à Arcachon, Doche (3) montre que l'activité chimique de la lumière diffuse est seulement six fois moindre que celle de la lumière directe, le ciel étant clair, mais qu'à la campagne, la lumière du soleil a 15 °/₀ de pouvoir actinique de moins qu'au bord de la mer, et la lumière diffuse 30 à 60 °/₀, selon l'état du ciel.

On voit donc que, malgré la diminution des rayons de courtes longueurs d'onde dans la lumière directe du soleil,

(1) D'Œlsnitz. — L'héliothérapie. — Son mode d'action, ses indications, ses résultats. — *Journal Médical Français*, 15 novembre 1913.

(2) Abbot. — The Sun. — *London and New-York*, 1912.

(3) Doche. — Héliothérapie des tuberculoses chirurgicales en climat marin. — *Rapport à la Soc. d'Hydrologie de Bordeaux*, 4 mars 1913.

cette diminution est logiquement compensée par la richesse en rayons chimiques de la lumière diffuse.

D'ailleurs, actuellement on ne considère plus comme seuls rayons utiles à la cure solaire les rayons actiniques, et nous avons vu que certains auteurs prétendent même expliquer la plupart des actions utiles du soleil par les rayons calorifiques, l'action microbicide y compris.

Ces raisons suffiraient à expliquer les qualités remarquables de l'héliothérapie marine, mais il y a plus ; à la cure solaire se surajoutent les qualités de la cure marine. L'air est très pur, grâce à l'absence de poussières et à la fréquence du vent, mais, en outre, il est chargé de nombreux principes utiles : chlorure de sodium, iode, brome, ozone, silice (Albert Robin), qui en font un véritable air thermal chloruré-sodique et bromo-ioduré. Toutes ces qualités de l'air marin vont venir aider et compléter l'action du soleil, l'action du climat marin étant aussi tonique et sédative.

Comme l'ont montré Albert Robin et Binet (1), les propriétés principales du climat marin sont d'augmenter le nombre et le taux hémoglobinique des globules rouges du sang, ainsi que les leucocytes, d'élever le quotient respiratoire et les échanges azotés, ainsi que la minéralisation, en un mot d'accélérer la nutrition.

Ces qualités sont à peu près les mêmes que celles que doit produire le soleil et il est naturel que la réunion de ces deux traitements, cure marine et cure solaire, donne des résultats cliniques très supérieurs à ceux obtenus à la montagne.

Si, par l'héliothérapie marine, on peut obtenir des résultats très supérieurs à l'héliothérapie de l'altitude, il ne s'en suit pas que cette dernière soit à rejeter dans tous les cas.

Il y a, en effet, des malades auxquels le climat marin ne convient pas, et c'est à ceux-là que l'on conseillera la cure solaire à la montagne ; parmi eux, doivent être rangés les fébricitants et les obèses.

---

(1) A. Robin et Binet. — Des effets du climat marin et des bains de mer sur les phénomènes intimes de la nutrition. — *Congrès de Biarritz*, 1903.

Dans tous les autres cas, on doit préférer la mer et choisir entre les différents littoraux : dans le Nord, à Berck, par exemple, on enverra de préférence les tuberculeux osseux, cutanés et ganglionnaires ; dans le Midi et à Arcachon, les convalescents, les tuberculeux ayant des lésions des séreuses et des viscères.

On adjoindra à la cure solaire, aussi souvent qu'on le pourra, les bains de sable et de mer et, si possible, des applications d'eaux-mères salines très chaudes.

A opposer à cette cure solaire générale, on peut, en concentrant la lumière solaire en un point limité, avoir, comme l'a montré Finsen, un effet local altérant. C'est sur ces principes qu'est établi la photothérapie par le soleil ou la lumière artificielle, qui permet de traiter les tuberculoses cutanées, les acnés rosacés, les lupus érythémateux, les cancers cutanés, etc.

3° Conclusions

1° Dans l'héliothérapie, on doit tenir compte, non seulement des rayons solaires eux-mêmes, mais aussi des variations provoquées par les conditions et les lieux où elle est appliquée.

2° A la montagne, la moindre épaisseur de l'atmosphère, l'extrême rareté des vents, la sécheresse de l'air, l'absence des poussières permettent au spectre chimique des rayons solaires directs d'être plus étendu qu'à la plaine.

3° A la mer, la grande transparence de l'atmosphère, la rareté de la vapeur d'eau et des brouillards, la grande polarisation de la lumière, la réverbération intense par la mer et les plages, augmentent la puissance des radiations solaires directes.

Si cette lumière directe est un peu moins riche en rayons chimiques, par contre, la lumière diffuse, faible à la montagne, procure une quantité considérable de radiations chimiques, qui seront utilisées, de sorte que la somme des rayons chimiques du soleil et de la lumière diffuse est bien supérieure à la mer qu'à l'altitude. D'autre part, les autres rayons ont leur puissance augmentée par la forte reverbération marine.

On peut affirmer que l'héliothérapie marine a des propriétés supérieures à celles de l'héliothérapie de l'altitude, car, à la cure solaire, s'ajoute la cure marine, dont les qualités thérapeutiques agissent dans le même sens que celles du soleil.

4° On doit traiter par l'héliothérapie :

Les fébricitants et les obèses à la montagne ;

Les tuberculeux viscéraux, les convalescents à la mer, dans le Midi et à Arcachon ;

Les tuberculeux osseux, articulaires et ganglionnaires à Berck.

5° Quant aux cancers et aux tuberculoses cutanés, on doit appliquer l'héliothérapie locale, concentrée suivant les indications de Finsen.

CONCLUSIONS GÉNÉRALES

1° L'héliothérapie marine est la meilleure application thérapeutique du soleil pour l'organisme humain, car elle permet d'associer la cure marine à la cure solaire ; ces deux traitements, ayant à peu près les mêmes propriétés biologiques, additionnent leurs effets curateurs.

2° Le soleil est très riche en rayons chimiques, à la mer, car aux rayons directs s'ajoute la lumière diffuse, réfléchie abondamment par la mer et les plages ; il possède aussi, en quantités considérables, les autres rayons calorifiques et lumineux.

3° Bien qu'il soit assez difficile de séparer les modifications biologiques, dues au soleil, de celles qui viennent des conditions atmosphériques, on peut cependant considérer un certain nombre d'actions comme produites par les rayons solaires.

4° Des rayons solaires, les uns, les plus réfrangibles, sont arrêtés par la pigmentation cutanée qui se développe au soleil ; d'autres sont transformés par ces pigments en rayons utiles à l'organisme ; d'autres sont absorbés par le sang, qui porte l'énergie à travers le corps ; d'autres, enfin, les moins réfrangibles, traversent les individus de part en part.

5° Un des rôles les mieux connus du soleil est son pouvoir bactéricide ; il détruit les cultures microbiennes, neutralise leurs toxines et atteint les bactéries, même dans le corps humain. Le soleil est, par excellence, le grand stérilisateur de l'univers.

6° Le soleil, promoteur d'énergie, active la vitalité des individus, donne une sensation de bien-être, qui se traduit par une augmentation de la force musculaire et des mouvements.

Les échanges respiratoires, les échanges généraux sont accrus, d'où amélioration de la nutrition et de l'état général et augmentation du poids.

Le soleil provoque une vaso-dilatation qui abaisse la pression artérielle et accélère les pulsations ; il tonifie le cœur, d'où meilleure circulation. Le sang présente une augmentation du nombre de ses éléments figurés et du taux de l'hémoglobine ; le pouvoir phagocytaire est activé.

7° Ces effets sont en partie sous la dépendance des rayons chimiques ; mais les rayons calorifiques participent très largement au pouvoir biologique du soleil.

8° Les pigments cutanés jouent un rôle capital comme protecteurs contre les rayons nocifs, comme transformateurs de ces rayons en rayons utiles et comme défenseurs actifs de l'économie contre les infections et les intoxications.

9° Le soleil est nécessaire au développement, à la croissance et à la vie de la plante qui fixe grâce à lui, à l'état de réserves, le carbone qui servira à la nourriture des hommes et des animaux.

INDEX BIBLIOGRAPHIQUE

ABADIE. — Propriétés physiques, biologiques et thérapeutiques de la lumière. *Thèse Paris*, 1904.

ABBOT. — The Sun. *London and New-York*, 1912.

ADDUCO. — Azione della luce sulla durata della vita. *Ann. di chim. e di farmac.*, X, p. 38.

AGULHON. — Sur le mécanisme de la destruction des diastases par la lumière. *C. R. Ac. d. Sc.*, CLIII, p. 979.

AIMES. — L'héliothérapie. *Thèse Montpellier*, 1913.

AIMES et ETIENNE. — Héliothérapie. *Soc. des Sc. Méd. Montpellier*, 20 février 1913.

ALEXANDER et REVESY. — Influence des excitations optiques sur les échanges gazeux du cerveau. *Biochem. Zeitsch.*, I, p. 95.

ARLOING. — Influence de la lumière sur la végétation et les propriétés pathogènes du bacillus anthracis. *Semaine Méd.*, 1885, pp. 46, 293, 309.

— *C. R. Ac. d. Sc.*, C, p. 378, CI, p. 501.

ARMAND. — De l'héliothérapie à l'altitude dans le traitement de la tuberculose dite chirurgicale. *Thèse Lyon.*

D'ARSONVAL et CHARRIN. — Influence des agents atmosphériques sur les bacilles pyocaniques. *C. R. Ac. d. Sc.*, janvier 1894.

AUBEL et LOMBARD. — Sur les effets chimiques et biologiques des rayons U. V. *C. R. Ac. d. Sc.*, 24 janvier 1910.

BANG. — Ueber die Wirkungen des Lichtes auf die Mikroben. *Mitt. aus Finsen's Inst.*, 1903.

BARDENHEUER. — Sur l'héliothérapie. *Soc. gén. de Méd. de Cologne*, 6 mai 1912.

BARONI et JONESCO-MIHANISTI. — Sur la destruction, par les rayons U. V., des principes actifs des sérums normaux et préparés. *C. R. Soc. de Biol.*, 5 mars 1910, 22 octobre 1910.

BAUMGARTEN. — Das Licht als Substanz. *Arch. f. Lichtther.* Berlin, 1901.

BÉCLARD. — Influence de la lumière sur les animaux. *C. R. Ac. d. Sc.*, 1er mars 1858.

— Influence de la lumière et des divers rayons colorés sur le développement et sur les phénomènes de nutrition, *C. R. Ac. d. Sc.*, 1858.

BELLINI. — Luce e salute. *Fototherapia Milano*, 1913.

BELOW. — Licht. *Arch. f. Lichtth.*, 1901.

BEHRING. — Ueber die Wirkung viol. und u. v. Lichtstrahlen. *Med. nat. wiss. Arch*, 1907.

BERNE. — L'héliothérapie sur la côte des Basques. *Congr. de Biarritz*, 1908.

BERNHARDT. — Héliothérapie im Hochgebirge. *Stuttgart*, 1912.

D. BERTHELOT. — L'ultra-violet et ses conséquences. *Soc. Ing. civ.*, 1911.
Les effets chimiques des rayons u. v. *Rev. gén. d. Sc.*, 30 avril 1911.

BERTHOLD. — *Arch. f. Anat. u. Phys.*, 1850, p. 156.

BIDDER et SCHMIDT. — Verdauungssäfte u. der Stoffwechsel. *Leipzig*, 1852, p. 317.

BIÉ. — Lichttherapie. *Deut. Aerzte Ztg.*, 1912,

BIRSCH-HIRSCHFELD u. INOUYE. — Weitere Versuche über die Wirkung des u. v. Lichtes auf die Netzhaut. *Pflüger's Arch.*, CXXXVI, p. 595.

BOHN. — L'évolution du pigment. *Paris*, 1901.

— Influence de la lumière sur les êtres vivants. *Rev. Scientif.*, 1878, p. 42.

BOINET. — Accidents causés par le soleil. *Traité de Thérap.*, III, p. 831.

BONNIER et MANGIN. — Action chlorophyllienne dans l'obscurité. *C. R. Ac. d. Sc.*, LXVII, p. 5.

— Respiration des plantes à la lumière. *Ann. d. Sc. Nat.*, XVII, p. 17.

BORDIER. — Mécanisme de l'action de l'arc électrique sur les tissus, en photothérapie. *Ann. Elect. Méd.*, 1902, p. 65.

BORDIER et HORAND. — Action sur les protozoaires des rayons u. v. *Lyon Méd.*, 27 mars, 1er mai 1910.

BORDIER, MOREL et NOGIER. — Action des rayons u. v. sur le sang et l'oxyhémoglobine pure. *Ann. Elect. Méd.*, 25 janvier 1909.

BORRIGLIONE. — Contribution à l'étude du traitement de la tuberculose chirurgicale sur le littoral méditerranéen. *Thèse* : Paris, 1905.

BORRISSOFF. — Principes de photothérapie. *Presse Méd*, 21 septembre 1901.

BOUBNOFF. — Ueber das Permeabilitäts-verhältniss der Kleiderstoffe zur chemischen Wirkung der Sonnenstrahlen. *Arch. f. Hyg.*, X, p. 335.

BOUCHARD. — Recherches sur la pellagre. *C. R. Soc. de Biol.*, 1877.

BOURNARET. — Action de la lumière sur les bactéries. *Thèse* : Toulouse, 1900.

BOUSSINGAULT. — Action de la lumière sur les plantes. *Ann. de Ch. et Phys.*, II, p. 508.

BREIGER. — Die wissenschaftliche Begründung der Lichttherapie. *Zeitsch. f. physik. u. diatätisch. Ther.*, p. 722, 1911.

BREITUNG. — Kritische Studien z. Pathol. u. Ther. von Sonnenstich. *Deut. Med. Ztg*, 65.

Brücke. — Untersuchungen über den Farbenwechsel des Chameleons. *Bericht. der math. nat. wiss. Akad. Wien.*, 1852, IV.

Büchner. — Ueber den Einfluss des Lichtes auf Bakterien. *Central bl. f. Bakteriol.*, II, 1892.

Büchner et Krause. — Ueber den Einfluss des Lichtes auf Bakterien. *Central bl. f. Bakteriol*, 1892.

Buisson et Fabry. — La lumière ultra-violette. *Revue gén. d. Sc.*, 30 avril 1911.

Bunsen et Roscoé. — Etude de l'absorption des rayons chimiques. *Ann d. Chim. et Phys.*, LV, p. 352.

Busk. — Beitrag zu den Untersuchungen über die Durchstrahlungsmöglichkeit des Körpers. *Mitteil. aus Finsen's Med. Licht-Institut*, 4.

Calvé. — De l'importance des hôpitaux marins dans le traitement des tuberculoses chirurgicales. *Rapport au Congrès de tuberculose*, Rome, 1912.

De Candolle. — Expériences relatives à l'influence de la lumière sur quelques végétaux, 1806.

Capdeville. — Action des rayons chimiques de la lumière sur la peau et quelques microbes. *Thèse* : Lyon, 1902.

Cazes. — Les rayons U. V. et leurs applications à la thérapeutique et à l'hygiène. *Thèse* : Lille, 1911.

Mlle Cernovodeanu et V. Henri. — Action de la lumière U. V. sur la toxine tétanique et sur les microbes. *C. R. Soc. de Biol.*, 20 avril 1906, 3 janvier, 24 février, 14 mars 1910.

De Chardonnet. — Absorption des rayons U. V. par les milieux de l'œil. *Journ. de Phys.*, II, p. 219.

Charpentier. — Lumière et couleurs au point de vue biologique. Paris, 1888.

Chassanowitz. — Ueber den Einfluss des Lichtes auf die Kohlensäure. *Dissertation inaugurale. Kœnigsberg*, 1872.

Chiais. — Cures solaires directes. *Congrès de Climatologie de Nice*, 1907.

Cloez et Gratiolet. — Action de la lumière sur les végétaux. *C. R. Ac. d. Sc.*, XXXI, p. 626.

Colin. — Dernières acquisitions dans le domaine des actions chimiques et biologiques de l'ultra-violet. *Thèse* : Lyon, 1911-12.

Cornu. — Sur l'absorption par l'atmosphère des rayons U. V. *C. R. Ac. de Sc.* LXXXVIII, p. 1285.

J. Courmont. — Rayons U. V. : leur pouvoir bactéricide. *Rev. Hyg. et Pol. san.*, 6 juin 1910.

J. Courmont et Nogier. — Rayons U. V. Application à la médecine, hygiène, etc. *C. R. Ac. d. Sc.*, 8 mars 1909. *Monde médical*, 15 sept. 1909.

Darbois. — Traitement du lupus vulgaire suivant les indications. *Thèse* : Paris, 1901.

Defontaine. — Coup de soleil électrique. *Semaine médicale*, 1888.

Delachaux. — Sur le traitement des maladies internes par l'héliothérapie. *Société Vandoise de Méd.*, 5 juin 1913.

Delézenne et Lisbonne. — Action des rayons u. v. sur le suc pancréatique. *C. R. Ac. d. Sc.*, CLV, p. 1788.

Desroches. — Action des diverses radiations lumineuses sur le mouvement des zoospores. *C. R. Ac. d. Sc.*, CLIII, p. 829.

Diesing. — Das Licht als biologischer Faktor. Leipzig, 1909.

Dieudonné. — Importance de l'eau oxygénée dans le pouvoir bactéricide de la lumière. *Arch. a. dem. Gesundh.*, II, p. 357.

— A quels rayons appartient l'action bactéricide de la lumière ? *Arch. aus dem. Gesundheitsamt*, IX, p. 412.

Doche. — Héliothérapie dans la tuberculose chirurgicale en climat marin. *Soc. d'hydrol. de Bordeaux*, 4 mars 1913.

Downes et Blunt. — On the action of sunlight on mikroorganismus. *Proceedings of the Roy. Soc. of London*, 1877, XXVI, p. 448.

Dreyer. — Ueber den Einfluss des Lichtes auf tierische Gewebe u. Sensibilierung. *Mitt. aus Finsen's Inst.*, IX, p. 180.

Dubois. — Sur la perception des radiations lumineuses par la peau chez le protée. *C. R. Ac. d. Sc.*, CX, p. 160.

— Sur le protée et la lumière. *C. R. Soc. de Biol.*, 1890, p. 360.

Dubrunfaut. — Statique de la lumière dans les phénomènes de la vie des végétaux et des animaux. *C. R. Ac. d. Sc.*, LXVI, p. 425.

Duclaux. — *Traité de microbiologie*, 1898.

L. Dufour. — Influence de la lumière sur la structure des feuilles. *Ann. S. Nat. de Bot.*, 1887.

Dupaigne. — *Rev. méd. de Cannes*, 1912-13.

Dürich, v. Schrötter et Züntz. — Ueber die Wirkung intensiver Belichtung auf den Gaswechsel und auf die Atemmechanik. *Bioch. Zeitsch.*, XXXIX, p. 469.

Dutrochet. — Recherches sur les enveloppes du fœtus. Bruxelles, 1834.

Eder. — *Handbuch der Photochemie*, 1906.

Edwards. — Influence des agents physiques sur la vie. Paris, 1878.

J. Effront. — Action de la lumière et de l'eau oxygénée sur les matières albuminoïdes et les acides aminés. *C. R. Ac. d. Sc*, CLIV, p. 1111.

Elfwing. — Studien über die Einwirkung des Lichtes auf die Pilze. Helsingfors, 1890.

Elschning. — Troubles nerveux à la suite d'opérations ophtalmologiques. *Wien. med. Blatt.*, 1887.

Emmerling. — Die Einwirkung des Sonnenlichtes auf die Enzyme. *Ber. der deutsch. chem. Gesellschaft*, 1901.

Engelmann. — *Botan. Ztg.*, 1881 et 1882.

Euler et Lindberg. — Ueber biochemische Reaktionen im Licht. *Biochem. Zeitsch.*, XXXIX, p. 410.

Ewald. — The influence of light on the gas exchange in animal tissu. *Journ. Phys.*, XIII, p. 84.

Fabry. — Sur l'intensité d'éclairement produit par le soleil. *C. R. Ac. d. Sc.*, CXXXVII, p. 973.

Féré. — Accidents hystériques produits par la lumière électrique. *Sem. Méd.*, 1889, p. 180.

Festal. — Cure solaire à Arcachon. *Journ Médical Français*, p. 475, 1913.

Finsen. — Ueber die Bedeutung der chemischen Strahlen des Lichtes f. mediz. Biol. Leipzig, 1899.

— Traitement du lupus vulgaire par les rayons chimiques. *Sem. Méd.*, 22 octobre 1897.

— Les rayons chimiques et la variole. *Sem. Méd.*, 30 juin 1894.

— La photothérapie. Paris, 1899.

Fletcher. — The survival respiration of muscle. *The journ. of physiol.*, XXIII, p. 10.

Fouillit. — L'ultra-violet. *Thèse* : Lyon, 1910-11.

Frankl-Hochwart. — 31 cas de psychoses à la suite d'opérations sur les yeux. *Jahrb. f. Psychiatrie Wien.*, 1890.

Franz. — Weitere Phototaxis-studien. *Int. Rev. der Hydrobiologie*, III, p. 1.

Freund. — Physiologische u. therapeutische Studien über die Licht wirkung auf die Haut. *Wien. Klin. Wochensch.*, XXV, p. 192.

— Lichtschädigungen der Haut und Licht-schutzmittel. *Wien. Kl. Woch.*, 1911, p. 670.

Fubini. — Ueber den Einfluss des Lichtes auf das Körpergewicht der Thiere. *Untersuchung. zur Naturlehre v. Molleschott*, 1876, XI, p. 488.

Gaillard. — Influence de la lumière sur les microorganismes. *Thèse* : Lyon, 1887-88.

Gayda. — Influenze della luce sulla iperglobulia dell' alta montagna. *Att. acad. dei Lincei*, XIX.

Gebhardt. — Die Heilkraft des Lichtes. Leipzig, 1898.

Geisler. — *Centralblatt f. Bakteriologie*, II, 1892.

De Gobartzewitch. — Influence des rayons colorés sur le développement et la croissance des mammifères. *Thèse* : St-Pétersbourg, 1883.

Godneff. — Ueber die Permeabilität der tierischen Gewebe für die chemisch wirkenden Strahlen. Kazon, 1882.

Graffemberg. — *Pflüger's Archiv.*, LIII, p. 238, 1893.

Grinda. — *Bull. et mémoires de la Soc. de médecine de Nice*, 1905.

Grüber. — *Wiener Sitzungsber. math. nat. Wissensch*, 1883, LXXXVIII.

Hammer. — Influence de la lumière sur la peau. *2e Congrès all. de Dermat.*, Leipzig, septembre 1891.

Hammond. — Some points relative on the sanitary influence of the Light. *The Sanistareon*, I, 1873.

Hann. — *Handbuch der Klimatologie*, 1897.

Hanriot et Richet. — Des échanges respiratoires chez l'homme. *Tirage à part*, p. 32.

Hasselbach. — Action chimique et biologique des rayons lumineux. *Strahlen-therapie*, 1913, p. 40.

— Effets de la lumière sur les matières colorantes du sang et des globules rouges. *Ann. Elec. Med.*, 10 mars 1910

Me et V. Henri. — Excitabilité des organismes par les rayons U. V. *C. R. Ac d. Sc.*, CLIV, p. 1734.

— Influence de diverses conditions physiques sur le

rayonnement U. V. des lampes à vapeurs de mercure. *C. R. Ac. d. Sc.*, CLIV, p. 926.

HERTEL. — Ueber lichtbiologische Fragen. *Zeitsch. f. Augenheilk.*, XXVI, 5, p 393.

HIGGINBOTHON. — Influence des agents physiques sur le développement du têtard, de la grenouille. *Journ. de phys. de Brown-Séquard*, IV, p. 234.

HOFBAUER — Influence de la lumière sur la force musculaire. *20e Congr. all. de méd. int.* Wiesbaden : avril 1902.

JACQUET. — Der respiratorische Gaswechsel. *Ergeb. Phys.*, II. p. 457.

JANOWSKI. — *Centralblatt f. Bakteriologie*, 1890, VIII.

JANSEN. — Zur Therapie der Kehlkopftuberkulose. *Deut. med. Wochensch.*, 1909-10.

JODLBAUER. — Ueber die Wirkung der photodynamischen Stoffe auf Protozoen der Enzyme. *Deut. Arch. kl. Méd.*, 1902.

JOUSSET. — Action de la lumière solaire et diffuse sur les bacilles de Koch contenus dans les crachats. *Soc. de Biol.*, 27 oct. 1900.

KIME et HORTATLER. — Light as a remeded agent. *Méd. Rev.*, N.-York 1900.

KITASATO et PALERMO. — Action de la lumière sur les vibrions cholériques. *Ann. lg. Spenin.*, III, 4.

KOTLIAR. — Action de la lumière sur les bactéries. *Vratch*, 39, 1892.

KORONYI. — Action de la lumière sur les animaux. *Centralblatt. f. Phys.*, VI, p. 6

LAURENT. — *Ann. de l'Inst. Pasteur*, 1888.

LANDESBERG. — Troubles nerveux par privation de lumière. *Centralbl. f. Augenheilk*, 1885.

LEDOUX-LEBARD. — *Arch. de Méd. expérim. et d'an. path.*, 1893.

LEDUC. — Photothérapie profonde par sensibilisation des tissus. *Ann. d'Electr. Méd*, 1904, p. 203.

LENCKEI. — Die Wirkung der Sonnenbäder auf die temper. des Körpers. *Zeitsch. f. phys. u. dietätisch Ther.*, XI, p. 654.

— Die therapeutische Anwendung der Sonnenbäder. *Zeitsch. f. phys. u. dietätische Ther.*, XI, p. 32.

— Ueber die Durchdringungsfähigkeit der blauen u. gelben Strahlen durchtierische Gewebe. *Zeitsch. f. physik. Ther.*, X, p. 3.

LEREDDE et PAUTRIER. — *C. R. Soc. de Biol.*, LIII, n° 41.

LESIEUR et LEGRAND. — *Prov. Méd.*, février 1907.

LOEB. — Einfluss des Lichtes. *Pflüger's Archiv.*, XLII, p. 393.

— Ueber heliotropismus. *Biol. Centralblatt*, XXI, p. 481.

LOMBARD. — Sur les effets chimiques et biologiques des rayons u. v. *C. R. Ac. d. Sc.*, 24 janvier 1910.

MAAG. — Ueber den Einfluss des Lichtes auf den Menschen. *Correspondenzblatt f. Schwirtz. Aerzte*, 1904, n° 8.

MAC DONNEL. — Exposé de quelques expériences concernant l'influence des agents physiques sur le développement du têtard. *Journ. de Phys. de Brown Sequard*, II, p. 265.

Mac Dougal. — The influence of Light apon growth and developpment. *Mem. N.-York Bot. Gard.*

Malgat. — Cure solaire de la tuberculose pulmonaire, 1909.

— Cure solaire à Nice, Paris, 1910.

Mangin. — Action des radiations sur les végétaux. *In. Phys. Biol. d'Arsonval*, II, p 312.

Marchand. — Mesure de l'action chimique produite par le soleil. *C. R. Ac. d. Sc.*, CXXVI, p. 762.

Marquès — Les radiations en médecine. *Gaz. Méd. de Montpellier*, décembre 1912.

Marshall-Ward. — Action de la lumière sur les bactéries. *Proceedings*, 1893, LV.

Masella. — Action de la lumière sur les animaux rendus artificiellement malades. *Ann. d'Ig. sperim. Roma*, 1895.

Mettler. — Experimente über die bacterizide Wirkung des Lichtes auf mit Fosin u. Erythresin gefürbte Nahrboden. *Bakt Abt. Hyg. Inst. Zurich*, 1909.

Meyer. — Ueber den Einfluss des Lichtes in Höhenklima auf die Zusammensetzung des Blutes. *Thèse* : Bâle, 1900.

Michelson. — Lichtwellen u. ihre Anwendungen. Leipzig, 1911.

Migneco. — Action de la lumière sur le bacille de Koch. *Ann. d'Ig. sperim. Roma*, 1895.

Migneco et Sheridan. — Action de la lumière sur le bacille tuberculeux. *Ann. Ig. sperim.*, 1895, p. 216.

Miramond de la Roquette. — Sur l'érythème solaire et la pigmentation. *Monde Méd.*, p. 1097, 1912.

— Action des bains de lumière naturelle et artificielle. *Arch. d'Electr. Méd.*, 25 juillet 1912.

Moitessier. — La lumière, Paris, 1876.

Möller. — Der Einfluss des Lichtes auf die Haut in gesundem u. krankhaftem Zustand. Stuttgart, 1900.

Molleschott. — Ueber den Einfluss auf die Menge der vom Tierkörper ausgeschiedenen Kohlensäure. *Wien. méd. Wochensch*, 1855, p. 681.

Molleschott et Fubini. — Ueber den Einfluss des gemischten u. farbigen Lichtes auf die Ausscheidung der Kohlensäure bei Thieren. *Untersuchung zur Naturlehre*, 1881, p. 255.

Momont — *Ann. de l'Inst. Pasteur*, 1892, VI, p. 21.

Monteuuis. — Bains d'air et de lumière dans la pratique journalière. Paris, 1904-1911.

Neuberg. — Wirkungen des Sonnenlichtes auf wichtige chemische Bestandteile des menschlichen u. tierischen Organismus. *Zeitschr. f. Balneo. u. Klimat.*, 3.19.

Nogier. — La lumière et la vie. *Thèse*, Lyon, 1903-04.

— Bases scientifiques de la thérapeutique par la lumière. *Avenir Médical*, Lyon. 1913.

Nogier et Vignard. — Résultats de l'héliothérapie sur les tuberculoses articulaires. *Soc. de Chirurg. de Lyon*, 18 janvier 1913.

V. Noorden. — Handbuch der Pathologie des Stoffwechsels. Berlin, 1906, p. 213.

D'Œlsnitz. — L'héliothérapie. Son mode d'action ; ses indications ; ses résultats. *Journ. méd. français*, p, 451, 1913

— Réactions thermiques, respiratoires, circulatoires et hématologiques provoquées par l'héliothérapie. *Journ. méd. franç.*, p. 466. 1913.

Oltman. — Ueber die photometrische Bewegung der Pflanzen. Flora, 1892.

Onimus. — Action de la lumière sur les bactéries. *Thèse*, Paris, 1888-89.

Orticoni. — Héliothérapie. Application médico-chirurgicale. *Thèse*, Lyon, 1902.

Pansini. — Action de la lumière sur les microbes *Rev. d'Ig. sperim.*

Peitenkoffer et Voit. — *Ann. de Chem. u. Pharmac.* CLXII, p. 295, 1867.

Pflüger. — Ueber den Einfluss des Auges auf den tierischen Stoffwechsel. *Pflüger's Arch.*, XI, p. 272.

Piazza. — Diminution de la virulence des toxines dipthériques irradiées par la lumière. *Ann. d'Ig. Sperim.* Rome 1895, IV.

Pincussohn. — Ueber die Einwirkung des Lichtes auf den Stoffwechsel. *Berl. Kl. Wochensch.*, p 1005, 1913.

Pisani. — Action biologique de la lumière électrique bleue sur le travail musculaire. *Ann. d'électr. méd.*, II, n° 8.

Pleasanton. — The influence of the blue rays of the sunlight. Philadelphie, 1877.

Poncet. — Délire nerveux à la suite de cécité. *Lyon médical*, 1870.

Pouchet. — *C. R. Ac. d. Sc.*, 1871.

R. Pott. — Untersuchungen über die Mengenverhältnisse der durch die Respiration ausgeschiedenen Kohlensäure. Iéna, 1875.

Pringsheim. — Heliotropische Studien. *Beitr. zur Biol. der Pflanzen*, X, p. 71.

— Einfluss der Beleuchtung auf die heliotropische Stimmung. *Beitr. z. Biol. d. Pflanzen*, IX, p. 263.

Raab. — Ueber die Wirkung fluoreszierender Stoffe auf Infusorien. *Ztg. f. Biol. Neue Folge*, XXI, p. 524.

Radan. — La lumière et les climats. Paris, 1877.

Ramsone et Sheridan. — Action de la lumière sur le bacille tuberculeux. *New York med. journ.*, 1894, n° 12.

Regnard. — Cure d'altitude. Paris, 1897.

M. Renaud. — Irradiation des bactéries et vaccins irradiés. *C. R. Ac. d. Sc.*, 28 juillet 1913.

Révillet. — Effets curatifs du climat méditerranéen et héliothérapie locale. *Cong. de méd.*, 1904.

Richardson. — Influence de la lumière pour prévenir les putréfactions. *Journ. of the Chem. Soc.*, LXVII, p. 1109.

Rilow. — Sur l'influence des bains d'air et de soleil sur la température du corps, pouls, pression, respiration, force musculaire. *Journ. de Physioth.*, 15 octobre 1903.

RIVIER. — Cure hélio-marine méditerranéenne. *Thèse :* Lyon, 1911-12.

Albert ROBIN et BINET. — Des effets du climat marin et des bains de mer sur les phénomènes intimes de la nutrition. *Congr. de Thalassoth.*, Biarritz, 1901.

ROCHAIX et COLLIN. — Action des rayons émis par la lampe de quartz à vapeurs de mercure sur la colorabilité des bacilles acido-résistants. *C. R. Ac. d. Sc.*, CLIII, p. 1253.

ROEDERER. — A propos de l'héliothérapie. *Journ. de Méd de Paris*, juin 1911.

ROLLIER. — Recherches scientifiques sur la cure solaire. *Congr. de Physioth.*, Paris, 1910.

— Pratique de la cure solaire pour les tuberculoses externes. *Paris Médical*, p. 261, 1913.

ROLLIER et ROSSELET. — Sur le rôle du pigment épidermique et de la chlorophylle. *Bull. de Soc. Vaudoise des Sc. Nat*, 1908.

RONCHI et FUBINI. — Variations de l'émission du CO^2 par le membre placé à l'obscurité et à la lumière. *Arch per le scienze med.*, I, 1879.

ROSSELET. — Les radiations u. v *Tuberculosis*, mai 1911.

ROUX. — *Ann. de l'Inst. Past.*, 1887, p. 445.

ROUX et YERSIN. — Action de la lumière sur les microbes *Ann. Inst. Past.*, 1887, I, p. 445.

RÜBNER et CRAMER. — Einfluss der Sonnenstrahlung anf Stoffzersetzung. *Arch. Hyg.*, XX, p. 343.

RUOFF. — Die Einwirkung des elektrischen Lichts u. seiner einzeln. Strahlen auf pathogene u. chromogene Bakterien. *Stuttgart*, 1912.

SACHS. — Phénomènes chimiques produits par la lumière sur les végétaux. *Flora*, 1862.

H. SALOMON. — Licht in seiner Einwirkung auf die Stoffwechselvorgänge. *v. Noorden's, Handbuch der Path. des Stoffwechsels*, p. 613.

SANTORI. — Influence de la température sur l'action microbicide de la lumière. *Ann. de l'Ig. sperim. Roma*, 1890.

SARASON. — Ueber Lichttherapie. *Deut. Med. Ztg.*, Berlin, 1901.

SARDOU. — Mer et montagne. *Rapport : Congr. de Physioth*, Paris, 1910.

SCHLÆPFER. — Die photoaktivität des Blutes. *Berl. Kl. Ztg.*, XLII, p. 1.185.

SCHMARDA. — Der Einfluss des Lichtes auf Infusorientierchen. *Œsterr. Jahrb.*, 1845.

SCHMIDT. — Ueber den Heliotropismus von Cerractis aurantica. *Bot. Centralbl.*, XXXI, p. 538.

SCHMIDT et RIMPLER. — Troubles physiques produits par la privation de lumière. *Arch. f. Psychiatrie*, 1879, p. 281.

SCHNETZLER. — Influence de la lumière sur le développement des têtards. *Arch. des Sc. phy. et nat.*, LI, 1874.

SCHÖNENBERGER. — Ueber die Einwirkung auf den thierischen Organismus. *Thèse* : Berlin, 1898.

V. SCHROETTER. — Valeur comparée de l'insolation à la mer et à la montagne. *Confér. internat. de tuberculose*, Bruxelles, 1910.
SELMI et PIACENTINI. — *Hoppe Seyler's Phys. Chem.*, p. 53.
SERRANO-FATIGATI. — Influence des diverses couleurs sur le développement de la respiration des infusoires. *C. R. Ac. d. Sc.*, LXXXIX, p. 959.
SINGER. — Bains d'air et de soleil. *Journ. de Physioth.*, Paris, 1910.
SORET. — Sur la transparence des milieux de l'œil pour les rayons u. v. *C. R. Ac. d. Sc.*, CLXXXVIII, p. 1012.
SPECK. — Physiologie des menschlichen Atmens. Leipzig, 1895, p. 146.
SPIRTOW. — Ueber den Einfluss des farbigen Lichtes auf den menschlichen Blutdruck. *Russisch. mediz. Rundschau*, 1907, 2.
STAHL. — Ueber den Einfluss des Lichtes auf die Bewegung der Schwärmsporen. *Phys. Med. Gesellch. Würzburg*, 1878.
STEINACH. — Untersuchungen der vergleichenden Physiologie der Iris. *Pflüger's Arch.*, LII, 1892.
TAFFEINER. — Ueber die Wirkung fluoreszierender Stoffe. *Münch. Med. Wochens.*, LXVIII, p. 1810.
THAON et BARETY. — Recherches sur l'influence du soleil sur la richesse du sang. *Soc. de Méd. et Climat.*, Nice, 19 avril 1878.
THEODORESCO. — *Ann. Soc. Nat. de Bot*, X, p. 141.
TISSOT. — Etude des phénomènes de survie des muscles après la mort. *Thèse* : Paris, 1895.
TIXIER. — Héliothérapie marine méditerranéenne et radiothérapie combinées. *Congrès de Londres*, 1913.
USKOV. — Einfluss von farbigem Licht auf das Protoplasma des Tierkörpers. *Centralblatt für med. Wissensch.*, 1879.
VAILLARD et VINCENT. — Influence de la lumière solaire sur le bacille d'Eberth. *Revue d'Hyg.*, 1898.
VERWORN. — Allgemeine Physiologie. *Iena*, 1895.
VIRÉ. — *Thèse*. Paris, 1900.
WEDDING. — Action de la lumière sur la peau des animaux. *Verhandl. d. Berl. Gesellech. f. Anthropol.*, 1899.
WIDMARCK. — Ueber den Einfluss des Lichtes auf die Haut. *Hygiea*, n° 3, 1889.
WIESNER. — Die Wirkung des Sonnenlichtes auf pathogène Bakterien. *Arch. f. Hyg.*, 1907.
WITTLING. — Action purificatrice de la lumière. *Wiener Klinische Wochenschr.*, p. 1.229, 1896.
WOLPERT. — Einfluss der Besonnung auf den Gaswechsel des Menschen. *Arch. f. Hyg.*, XLIV, p. 323, 1902.
YOUNG. — *Arch. d. Zoologie experim.*, III, 1878, et *C. R. Acad. d. Sc.*, LXXXVII.
ZADRO. — Zur Frage der Heliotherapie. *Wien. Kl. Wochenschr.*, 1912.
ZIMMERN. — Les bases physico-biologiques de l'héliothérapie. *Presse Méd.*, p. 377, 1913.
ZONTZ. — La lumière et la tuberculose. *VII Congrès de la tuberculose*, avril 1912.

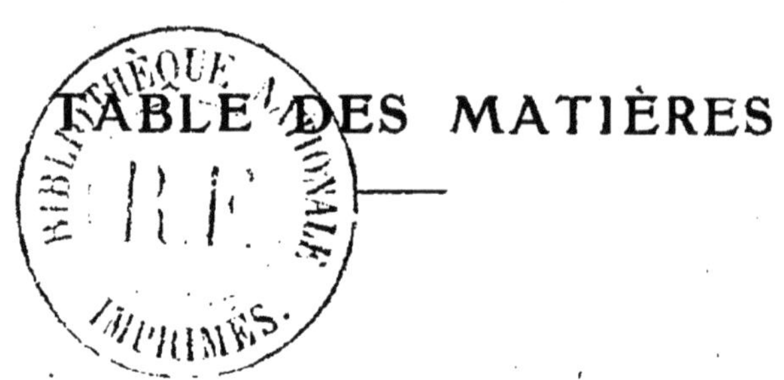

TABLE DES MATIÈRES

CHAPITRE IV

CHAPITRE V

CHAPITRE VI

Issoudun. — Imp. H. Gaignault, 23, rue Victor-Hugo

www.ingramcontent.com/pod-product-compliance
Ingram Content Group UK Ltd.
Pitfield, Milton Keynes, MK11 3LW, UK
UKHW020148200726
13856UKWH00003B/894

9 782013 416986